書き込み式
工学系の微分方程式入門

博士（工学） 田中　聡久 著

コロナ社

まえがき

　本書は，工学部の大学初年次（1～2年生），また高等専門学校の学生を対象に書かれた常微分方程式の入門書である。また，これから微分方程式を学ぼうとする，または過去に学んだものの多くを忘れてしまった技術者が自習できる構成にもなっている。

　読み進めるために必要な知識は，できる限り高等学校の数学のみを前提としており，大学1年生がつまずくことなく読み進められるように工夫して書かれている。しかしながら，部分的には理工系大学初年次の微積分学や複素関数論の知識が必要となる。そのような基本的な数学については，付録に簡単にまとめてある。

　意識したことは，力学や回路理論を今後学ぶための基礎数学として，微分方程式を取り扱ったことである。これらは機械・電気・情報系の工学における基本的な内容であるが，高等学校で微分方程式を扱わなくなってからは，基本的な微分方程式の取り扱いでつまずく学生が多い。筆者は電子情報工学（信号処理）を専門とする工学研究者であるが，数学の伝統的なトピックである常微分方程式に関する本を著した理由がここにある。

　工学においては，無限よりは有限，発散（不安定）よりは収束（安定）が重要である。本書に出てくる例は，工学的応用を強く意識したものを選んでいるだけでなく，単純な計算問題であっても，その式が工学的に意味をもつものをできるだけ選んでいる。また，非斉次方程式の解法としては，演算子法に最も力を入れている。演算子法の扱い方に関しても，今後フーリエ解析や回路解析，振動解析，また制御工学や信号処理理論を学んでいくだろうことを強く意識している。特に，解法に何度も出てくるオイラーの公式と部分分数分解は，工学的応用が幅広いが，不慣れな読者のために付録を設けているので参照されたい。

　基本的な構成としては，例と例題を交互に配置してある。例題はすべて穴埋め式になっており，直前に示した例を見ながら解法を習得できるようにしてある。したがって，授業の教科書として使えるだけでなく，できるだけ予習・自習できるように書かれている。また，すべての章には章末問題を配した。すべての問題を解くことで，常微分方程式の基本的な解き方がマスターできるようになっている[†]。

　また，紙面上の都合と初年度学生の負担を考慮して，完全微分方程式における積分因子と，

[†] 本書穴埋めの解答と付録内練習問題，章末問題の詳細な解答はコロナ社のwebページに示されている。
http://www.coronasha.co.jp/np/isbn/9784339061062/
なお，コロナ社のtopページから書名検索でもアクセスできる。ダウンロードに必要なパスワードは付録と章末問題の解答のページに記した。

べき級数法における確定特異点に関しては触れていない。必要であれば，巻末の参考文献を参考にされたい。

これから工学の専門的な内容に進むための準備として，本書が微分方程式の理解の一助になれば，存外の喜びである。最後に，このトピックで本を書くことを，数学を専門とするわけでもない筆者に勧めていただいたコロナ社の皆さん，また内容についてコメントをくれた東京農工大学の学生たちに感謝申し上げる。

2014 年 2 月

田中 聡久

― 本書を教科書とする講義担当者の方へ ―

本書を常微分方程式の教科書として半期 15 回（1 回 90 分）で教授する場合の目安を以下に示す。

- 1 年生，特に高等学校卒業直後の前学期であれば，章，または節に*がついている項目はスキップし，その代わりに巻末付録のオイラーの公式や部分分数分解を取り扱えばよい。
- 基礎的な微分積分学や線形代数学を履修済みであれば，本書を一通り学べるはずである。時間的な制約がある場合は，演算子法は基本的な事項にとどめ，ラプラス変換法を扱えばよい。

○ 本書の関数表記上の注意点 ○

本書では原則として，関数の変数は t で表し，関数 $x(t)$ や $y(t)$ はそれぞれ x, y と表記する。例や例題中で，関数に x や y 以外の文字を使う場合，また 6 章のラプラス変換においては，混乱を避けるために変数の t を明記する場合がある。

目　　　次

1. 微分方程式の基礎

1.1 微分方程式とは ………………………………………………………………… *1*
1.2 微分方程式でわかること ……………………………………………………… *3*
1.3 高 校 物 理 再 訪 …………………………………………………………… *4*
1.4 ベ ク ト ル 場 …………………………………………………………………… *9*
1.5 微分方程式に関する用語など ………………………………………………… *10*
章　末　問　題 ………………………………………………………………………… *13*

2. 1階線形常微分方程式

2.1 変 数 分 離 形 …………………………………………………………………… *14*
2.2 同　　次　　形 …………………………………………………………………… *23*
2.3 1階線形常微分方程式 ………………………………………………………… *24*
　　2.3.1 非斉次方程式の一般解 ……………………………………………… *25*
　　2.3.2 1階線形常微分方程式の応用問題 ………………………………… *28*
2.4 1階線形常微分方程式に帰着できる方程式 ………………………………… *31*
　　2.4.1 ベルヌーイ方程式 …………………………………………………… *31*
　　2.4.2 リッカチ方程式 ……………………………………………………… *34*
2.5 完全微分方程式* ………………………………………………………………… *35*
章　末　問　題 ………………………………………………………………………… *39*

3. 2階斉次線形常微分方程式

3.1 斉次方程式と非斉次方程式 …………………………………………………… *41*
3.2 2階斉次線形常微分方程式の一般解 ………………………………………… *42*
3.3 基本解の1次独立性 …………………………………………………………… *43*

3.4 定数係数の2階斉次線形常微分方程式 ……………………………………… 45
3.5 変数係数の2階斉次線形常微分方程式 ……………………………………… 53
　3.5.1 オイラーの方程式 ……………………………………………………… 53
　3.5.2 定 数 変 化 法 ………………………………………………………… 55
　3.5.3 べ き 級 数 法* ……………………………………………………… 56
章 末 問 題 …………………………………………………………………………… 62

4. 2階非斉次線形常微分方程式

4.1 非斉次方程式の一般解 ………………………………………………………… 63
4.2 特殊解の見つけ方 ……………………………………………………………… 65
4.3 未 定 係 数 法 ……………………………………………………………… 65
　4.3.1 $f(t)$ が多項式のとき ………………………………………………… 66
　4.3.2 $f(t)$ が指数関数・三角関数のとき ………………………………… 67
4.4 演 算 子 法 ………………………………………………………………… 73
　4.4.1 $f(t)$ が多項式のとき ………………………………………………… 75
　4.4.2 $f(t)$ が指数関数・三角関数のとき ………………………………… 78
4.5 定 数 変 化 法 ……………………………………………………………… 86
4.6 2階非斉次線形常微分方程式の応用 ………………………………………… 88
章 末 問 題 …………………………………………………………………………… 93

5. 高階線形常微分方程式と連立常微分方程式

5.1 高階線形常微分方程式の特性方程式の根と基本解 ………………………… 94
5.2 連立常微分方程式 ……………………………………………………………… 96
5.3 固有値・固有ベクトルによる斉次方程式の解法* ………………………… 101
章 末 問 題 ………………………………………………………………………… 107

6. ラプラス変換法*

6.1 ラプラス変換 ………………………………………………………………… 108
6.2 逆ラプラス変換 ……………………………………………………………… 112

6.3　ラプラス変換による初期値問題の解法 ･･････････････････････････････････ *113*
章　末　問　題 ･･･ *119*

付　　録

A.1　偏微分と全微分･･ *120*
A.2　固有値・固有ベクトル ･･ *121*
A.3　オイラーの公式･･ *123*
A.4　部分分数分解･･ *124*
　　A.4.1　極がすべて実数の場合･･･ *125*
　　A.4.2　複素数の極をもつ場合･･･ *127*

引用・参考文献 ･･･ *130*
章 末 問 題 解 答 ･･･ *131*
索　　　　引 ･･･ *135*

1 微分方程式の基礎

物理的な現象は，多くの場合において微分方程式で記述できる．立式した微分方程式を解くことで，物理的対象の振る舞いを知ることができる．ここでは，まず，微分方程式とは何かということから始めて，じつは高等学校の科目「物理」で扱う内容は，ほとんど微分方程式で記述できるということを説明する．微分方程式が解けるようになると，さまざまな物理的な現象，工学における問題を記述できるようになるのである．いわばこの章は，もっぱら見るからに美味しそうな料理を並べているようなもので，その材料やレシピを知るには 2 章以降を学べばよい．

1.1 微分方程式とは

$y' = t$ や $y' = y$ のように[†]，等式の中に，ある関数の微分が入っているものを**微分方程式** (differential equation) と呼ぶ．

例 1.1 質量 m の質点の自由落下運動の運動方程式

$$ma = -mg \tag{1.1}$$

は微分方程式である．式 (1.1) は一見，関数の微分が入っていないように見えるが，加速度 a は，速さ v を時間 t で微分したものだから

$$a = \frac{dv}{dt}$$

であり，式 (1.1) は

$$m\frac{dv}{dt} = -mg \tag{1.2}$$

と書けるので，これは微分方程式なのである．

微分方程式を満たす「ある関数」を見つけることを，「微分方程式を解く」という．

[†] （関数表記上の注意点）本書では原則として，関数の変数は t で表し，関数 $x(t)$ や $y(t)$ はそれぞれ x, y と表記する．例や例題中で，関数に x や y 以外の文字を使う場合，また 6 章のラプラス変換においては，混乱を避けるために変数の t を明記する場合がある．

例 1.2 微分方程式 $y'(t) = -y(t)$ の解（の一つ）は，$y = e^{-t}$ である。

$y = e^{-t}$ を微分すると，$y' = -e^{-t}$ となる。これと $y = e^{-t}$ をもとの微分方程式に代入してみると，左辺と右辺はともに $-e^{-t}$ となり，一致する。

例題 1.1 a を定数とする。$y = ae^{-t}$ も，微分方程式 $y' = -y$ の解であることを示しなさい。

【解答】 $y' = \boxed{①}$ である。一方，$-y = \boxed{②}$ であり，両辺の一致を確認できる。 ◇

このように，微分方程式の解は無数にあるのが普通である。図 1.1 は，a の値によって，$y' = -y$ の解がどのように変わるかを示している。a はいかなる値をもとり得るので，$y' = -y$ の解は無数にある。これが，代数方程式（$5x = 2$ や $x^2 - x - 2 = 0$ のように高等学校までで習う方程式のこと）と大きく違う点である。ここに現れる a は，**任意定数**（arbitrary constant）と呼ばれる。解を微分して解に含まれる任意定数をうまく消すことで，逆に微分方程式を作ることができる。

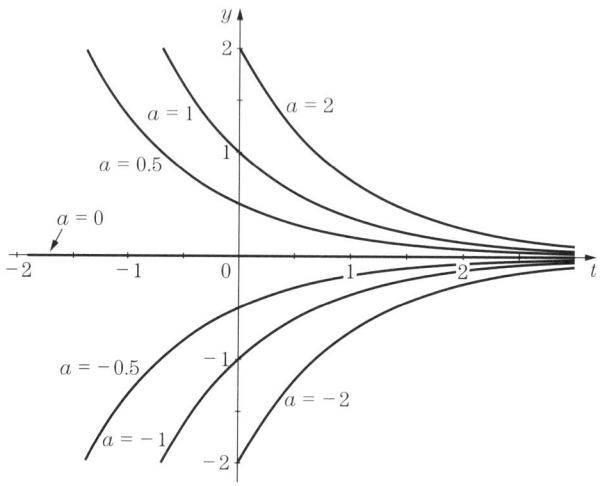

図 1.1 無数にある微分方程式の解

例 1.3 $y = a\sin\omega t$ が解となるように微分方程式を作ってみよう。y を微分すると $y' = \omega a\cos\omega t$ である。また，もう一度微分すれば，$y'' = -\omega^2 a\sin\omega t$ である。$a\sin\omega t$ は y なので，微分方程式 $y'' = -\omega^2 y$ を得る。

例題 1.2 $y = c_1 \sin \omega t + c_2 \cos \omega t$ も $y'' = -\omega^2 y$ の解であることを確かめなさい。

【解答】 y を微分することで

$$y' = \boxed{①}$$

$$y'' = \boxed{②}$$

となるため $y'' = -\omega^2 y$ を得る。 ◇

1.2　微分方程式でわかること

関数 $y(t)$ の微分とは，高校数学で学んだように

$$\frac{dy}{dt} = \lim_{\Delta t \to 0} \frac{\Delta y(t)}{\Delta t} = \lim_{\Delta t \to 0} \frac{y(t + \Delta t) - y(t)}{\Delta t} \tag{1.3}$$

で決まるのであった。ここで Δ は「数の増減」を表現するために，物理や工学では広く使われる記号である。$\Delta y(t)$ は，$\Delta y(t) = y(t + \Delta t) - y(t)$ を表している。つまり微分は，微小時間 Δt のあいだに $y(t)$ が変化した量を表現している。

例えば，放射性の核種は時間が経つと次々に崩壊していくことが知られている。そして，原子の崩壊のスピード（単位時間にいくつ崩壊するか）は，現時点での原子の数に比例することが知られている。時刻 t における原子数を $N(t)$ とすると，$\Delta N(t) = N(t + \Delta t) - N(t)$ であり，この原子数の減少量が現時点での原子の数に比例するのだから，これは $-\lambda N(t) \Delta t$ である。ただし，λ を比例定数とした。したがって

$$\frac{\Delta N(t)}{\Delta t} = -\lambda N(t) \tag{1.4}$$

という式が成り立ち，$\Delta t \to 0$ と極限をとることで，微分方程式

$$\frac{dN(t)}{dt} = -\lambda N(t) \tag{1.5}$$

を得る。したがって，この微分方程式を $N(t)$ について解くことができれば，時刻 t における原子の数 $N(t)$ を知ることができる。

ここで大切なのは，方程式を立てた時点では，「ある瞬間の情報」を使っていることである。しかし，微分方程式を解くことで「過去から未来にわたる任意の次点での情報」を得ることができる。例えば，物体の速度 v がわかれば，時刻 t における位置を知ることができる。これは，速度は距離（変位）を時間で微分したもの，つまり $\dfrac{dx}{dt}$ だからである。

1.3 高校物理再訪

高校物理の教科書には，四角で囲った「公式」がやたらに出てきた。あまりにも多すぎて，それらの関連性をつかむのに四苦八苦した経験をもつ人も多いと思う。高校物理の教科書は，微分方程式を使わずに書かれているので，結果だけが四角で囲まれている。しかし，微分方程式と物理は兄弟みたいなもので，これらはともに影響しながら発展してきた。

それではまず，高校物理の「公式」を復習してみよう。

例 1.4 初速度 v_0 [m/s] で質量 m [kg] の質点を鉛直方向に放り上げた。t 秒後の質点の位置 x [m] は $x = -\frac{1}{2}gt^2 + v_0 t$ となる（g は重力加速度）。

高校の教科書には，四角囲みで記載されている。

この式はどのようにして導出されたのであろうか。

公式というものには，必ず導出がある。じつは，ニュートンが考えた運動の基本法則（**運動方程式**（equation of motion））

$$ma = F \tag{1.6}$$

は微分方程式なのである。F を決めると，速度 v も変位 x も微分方程式を解くことで求めることができる。

例 1.4 のような質点を放り上げる問題では，質点にかかる力は重力 $F = -mg$ だけなので，運動方程式は

$$m\frac{d^2 x}{dt^2} = -mg \tag{1.7}$$

または，速度 v を使って

$$m\frac{dv}{dt} = -mg \tag{1.8}$$

となる。ここで，運動方程式が微分方程式であることを意識するために，式 (1.6) を $a = \frac{d^2 x}{dt^2} = \frac{dv}{dt}$ で書き換えた。加速度は変位の 2 階微分であることに注意されたい。あとはこの微分方程式を解けばよい。

例 1.5 微分方程式 $\frac{dv}{dt} = -g$ の解を求めよう。

v を微分すると $-g$ になることから，$-g$ を積分すれば v が求められるはずである。し

したがって
$$v = \int -g\,dt = -gt + C$$

ここで，C は任意定数である。

これは任意定数を含む一般解である。C は，物理の世界では**初速度**（initial velocity）に対応するもので，一般的に v_0 などと書かれる。つまり一般解において，$t=0$ のとき $v=v_0$ という条件（これを**初期条件**（initial condition）という）を与えることで，$C=v_0$ を得る。このようにして得た $v=-gt+v_0$ は 1.5 節で述べるように，**特殊解**（particular solution）と呼ばれるものである。

以上により，高校物理に出てきた「自由落下運動」の速度に関する式を導出することができた。同様にして，$v=\dfrac{dx}{dt}$ であることを使えば，例 1.5 から次の問題を得る。

例題 1.3 微分方程式 $\dfrac{dx}{dt} = -gt + v_0$ の解を求めなさい。

【解答】 t で微分すると $-gt+v_0$ になるものは，$-gt+v_0$ を t で積分すれば得られる。したがって
$$x = \int (-gt+v_0)dt = \boxed{} + C$$

となる。ここで，C は任意定数である。ここで，初期条件 $x(0)=0$（つまり，初期変位が 0）によって得られる特殊解が，高校で習ったおなじみの形（例 1.4）である。 ◇

次に，自由落下の例を考えよう。

例 1.6 質量 m〔kg〕の質点を自由落下させる。空気抵抗を考えると，十分な時間が経った後，速度はどうなるだろうか。

これは，よく教科書の「発展」に出てくる内容である。答は「一定になる」である。これを数学的に表せば，t 秒後の速度 v〔m/s〕を，$t \to \infty$ としたとき，$v \to C$（定数）ということである。

空気抵抗は速度に比例することがわかっているので，その比例定数を k とすれば，運動方程式は
$$m\frac{dv}{dt} = mg - kv \tag{1.9}$$

となる。ここで，$a = \dfrac{dv}{dt}$ に注意されたい。また，鉛直下方向を正にとっている。

例 1.6 は微分方程式の最も基本的な形であり，2 章で取り扱う。これを解けば速度が一定になるカラクリがわかる。したがって，解き方さえ学べばよいことがわかる。

似た例として，次の例 1.7 がある。

例 1.7 滑らかな水平面上に，質量 m〔kg〕の質点を初速度 v_0〔m/s〕で滑らせた。空気抵抗は速度に比例するとして，十分に時間が経つと質点の速度はどうなるだろうか。

そのうち止まるというのがわれわれの直感であろう。しかし，きちんと定式化すれば，そのことを確かめることができる。運動している質点には，空気抵抗しか作用していないので，比例定数を k とおけば，運動方程式は

$$m\frac{dv}{dt} = -kv \tag{1.10}$$

となる。これを v について解けばよい。

式 (1.10) は，式 (1.9) の特別な形であり，これも微分方程式の解法を学べば解くことができる。

次に単振動の例を挙げる。

例 1.8 滑らかな水平面上でばねに質量 m〔kg〕の質点をつなげた。つりあいの位置を原点にとり，そこから x_0〔m〕だけ引っ張り，手を離すとどうなるだろうか。

高校物理の教科書には，こういう場合に質点は単振動をするとある。そして，四角の囲みで次のように出ているであろう。まず，振動の周期は

$$T = 2\pi\sqrt{\frac{m}{k}} \tag{1.11}$$

であり，変位は

$$x = x_0 \cos\sqrt{\frac{k}{m}}t \tag{1.12}$$

なる公式が出ているはずである。しかし，どのように導出されたのであろうか。

素直に運動方程式を立てると

$$m\frac{d^2x}{dt^2} = -kx \tag{1.13}$$

となる。手から離れているので，弾性力 kx 以外は質点に作用していない。

この微分方程式は 3 章で取り扱う。これを解けば式 (1.12) 導出のカラクリは明らかになる。

このように，物理現象は微分方程式で記述でき，それを解くことで任意の時間における状態がわかるようになるのである。しかし，式 (1.12) は恐ろしい式で，一度手を離すと永遠に

振動し続ける状況を表している。こんな非現実的な運動はありえない。そこで，例 1.9 に示すような，より現実的な状況を考えるべきであろう。

例 1.9 例 1.8 において，実際は質点にはばね内部や空気から逆向きの抵抗が掛かる。

こちらのほうがより現実的な問題である。この抵抗力が速度 v〔m/s〕に比例するとすれば，t 秒後の変位 x〔m〕はどうなるだろうか。そこで比例定数を b として運動方程式をたてると

$$m\frac{d^2x}{dt^2} = -kx - b\frac{dx}{dt} \tag{1.14}$$

となる。

このタイプの微分方程式も 3 章で取り扱う。

もっと複雑な状況を考えよう。ばねが動いているものにぶら下がっているとどうなるだろうか。

例えば，車のサスペンションを考えよう。サスペンションとは，車が過度に揺れることで乗り心地を損なわないように取り付けられているばねのことである。車は等速運動をしているが，ところどころ段差があって，車のサスペンションが上下に揺れる。

例 1.10 例 1.9 のばねが外部から振動する力 $mF\sin\omega t$ を受けるとする。このとき，変位 x〔m〕はどうなるだろうか。

ここまで来ると，はるかに高校物理を逸脱している。さらにいうと，**公式の暗記では歯が立たない**レベルに来ている。それでもめげずに立式をしてみよう。外力が増えるだけなので，運動方程式は

$$m\frac{d^2x}{dt^2} = -kx - b\frac{dx}{dt} + mF\sin\omega t \tag{1.15}$$

である。

このタイプの微分方程式は 4 章で取り扱う。本書ではこの式が解けることを目標にする。

このように，物理では運動方程式を立てて，それを解くという形で運動や現象を理解することが基本である。物理は暗記ではないのである。そして，工学の分野でも多くの場合，どのように立式するか，立てた方程式をどうやって解くかが大切になる。その方程式とは，多くの場合は微分方程式の形をとる。

次に電気回路の例を示そう。

例1.11 図**1.2**に示す LCR 直列回路（serial circuit）に交流電源 $v_s(t)$ を接続した場合について考察しよう。コンデンサ（capacitor）の電気容量（capacitance）を C, コイル（inductor）のリアクタンス（reactance）を L, 抵抗（resistor）の抵抗値（resistance）を R とする。また, 素子に流れる電流を $i(t)$, コンデンサ両端の電位差を $v(t)$ としたとき, 電磁気学によれば

$$i(t) = C\frac{dv(t)}{dt} \tag{1.16}$$

という関係が成り立つ。さらに, コイルと抵抗の両端に生じる電位差は, それぞれ $L\dfrac{di(t)}{dt}$ および $Ri(t)$ である。キルヒホッフの電圧則（閉じた回路の電位差の総和は0）を適用すると

$$L\frac{di(t)}{dt} + Ri(t) + v(t) = v_s(t) \tag{1.17}$$

である。

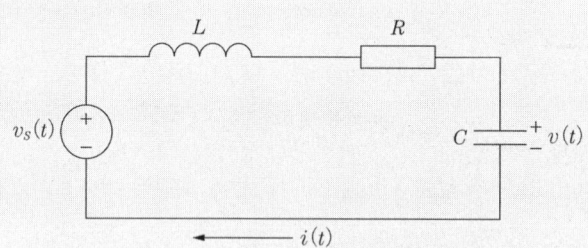

コンデンサ両端の電位差を $v(t)$ と表示している。
図 1.2 交流電源 $v_s(t)$ を接続した LCR 直列回路

式 (1.17) に, コンデンサに流れる電流を表す式 (1.16) を代入すれば, $v(t)$ に関する微分方程式を得る。これは, ばねの運動方程式と本質的には変わらない。そのことを例題 1.4 で考えてみよう。

例題 1.4 式 (1.16) を式 (1.17) に代入して, $v(t)$ に関する微分方程式を導きなさい。またこの微分方程式が, 式 (1.15) で表される外力に対するばねの運動方程式と等価であることを確認しなさい。

【解答】 まず, $v(t)$ に関する微分方程式は

$$\frac{d^2v(t)}{dt^2} + \boxed{\text{①}}\frac{dv(t)}{dt} + \boxed{\text{②}}v(t) = \boxed{\text{③}}v_s(t)$$

である。一方で, 式 (1.15) の両辺を m で割り, 整理すると

$$\frac{d^2x(t)}{dt^2} + \boxed{\text{④}} \frac{dx(t)}{dt} + \boxed{\text{⑤}} x(t) = \boxed{\text{⑥}}$$

である。

例えば，$m = L$，$b = \boxed{\text{⑦}}$，$k = \dfrac{1}{C}$，$v_s(t) = LCF\sin\omega t$ という対応関係を与えることで，両式はまったく等価である．つまり，異なる物理現象でありながら，数学的にはまったく同じ問題になる． ◇

1.4 ベクトル場

微分方程式の解法を学ぶ前に，微分方程式の形だけから解を類推することを考えてみよう．関数 y の微分 $\dfrac{dy}{dx}$ が，x に対する「傾き」を表していたことを思い出そう．式 (1.18) に示す一般的な微分方程式

$$\frac{dy}{dx} = f(x,y) \tag{1.18}$$

を考える．ここで，ある点 $(x,y) = (a,b)$ における $f(a,b)$ は，$x = a$ における y の傾きを表している．つまり，式 (1.18) のもつ意味は，(x,y) 平面上の任意の点での y の傾きが，$f(x,y)$ で与えられる，ということである．

ベクトル場

適当な定数 h をとる．微分方程式 $\dfrac{dy}{dx} = f(x,y)$ において，点 (x,y) で定義されるベクトル $h\begin{pmatrix} 1 \\ f(a,b) \end{pmatrix}$ の集合を**ベクトル場**（方向の場，vector field）という．

微分方程式が $y' = -y$ の場合では，$f(x,y) = -y$ である．したがって，平面上で (x,y) を動かして，任意の長さをもったベクトル $h\begin{pmatrix} 1 \\ -y \end{pmatrix}$ をグラフ用紙に書き込むと，**図 1.3** のようなベクトル場のグラフを得る．

これは，あたかも水が流れているような様子を表しており，矢印の向きはその地点で水の流れる方向を表現していると考えればよい．したがって，ベクトル場のことを「流れ」と呼んだりもする．

水面のどこかに葉っぱを浮かべたとする．そうするとその葉っぱはベクトル場にしたがっ

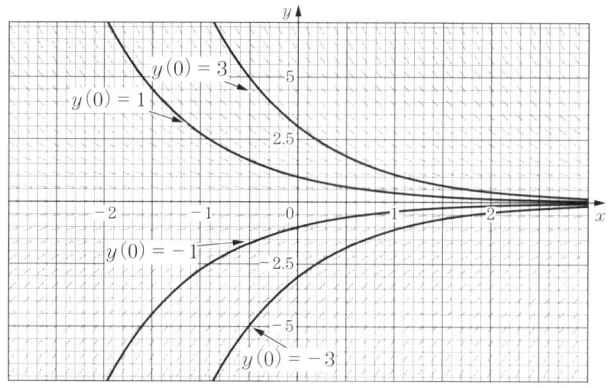

初期条件を与えると曲線が定まり，それらは
ベクトル場をなぞるように描かれる。

図 1.3 $y' = -y$ のベクトル場

て動いていくであろう。その軌跡が微分方程式の解である。軌跡は葉っぱを置いた場所によって異なるが，その場所が初期条件であるとみなせる。

1.5 微分方程式に関する用語など

本節では，微分方程式に関する用語についておさらいする。

┌─常微分方程式・偏微分方程式─────────────────────
│ 　求めるべき関数の変数（独立変数）の数が一つのとき**常微分方程式**（ordinary differential equation）といい，二つ以上のとき**偏微分方程式**（partial differential equation）という。
└──────────────────────────────────

例 1.12 $u = u(x,t)$ とする。

$$\frac{\partial^2 u}{\partial t^2} = c^2 \frac{\partial^2 u}{\partial x^2}$$

は偏微分方程式である。ちなみにこれは**波動方程式**（wave equation）で，定数 c は波の速さを表している。本書では常微分方程式のみを扱う。

┌─常微分方程式の階数──────────────────────────
│ 　常微分方程式に現れる関数について，微分の最大の階数（order）のことを，その微分方程式の階数と呼ぶ。
└──────────────────────────────────

1.5 微分方程式に関する用語など   11

例 1.13 $y' = t^2 y$ は 1 階の，$y^{(3)} + 2y' + y = \sin 2t$ は 3 階の常微分方程式である。

微分方程式を満たす任意定数をもたない解を**特殊解**と呼び，すべての特殊解を表すことができる解を**一般解**（general solution）と呼ぶ。

一般解は，階数と同じ数の任意定数をもつ。そこで，任意定数の数だけ条件を与えると，特殊解が得られる。特に，$t=0$ の場合の条件（$x(0) = x_0$ など）がついている場合，その微分方程式を**初期値問題**（initial value problem）と呼ぶ。

例 1.14 微分方程式 $y'' = -\alpha^2 y$ について，$y = c_1 \sin \alpha t + c_2 \cos \alpha t$ は一般解である。さらに，初期条件 $y(0) = y_0$, $y'(0) = 0$ のときは，任意定数が定まり，特殊解 $y = y_0 \cos \alpha t$ を得る。

例題 1.5 微分方程式 $y'' + 2y' + y = e^{-2t}$ の一般解が，$y = (c_1 + c_2 t)e^{-t} + e^{-2t}$ であることはのちほど学ぶ。初期条件が $y(0) = 0$, $y'(0) = 1$ のときの特殊解を求めなさい。

【解答】 $y(0) = \boxed{① \ c_1 + 1} = 0$，また，$y' = \boxed{② \ c_2 e^{-t} - (c_1 + c_2 t)e^{-t} - 2e^{-2t}}$ より

$$y'(0) = \boxed{③ \ c_2 - c_1 - 2} = 1$$

である。これより，c_1, c_2 が決まり以下となる。

$$y = \left(\boxed{④ \ -1} + \boxed{⑤ \ 2}\, t\right) e^{-t} + e^{-2t} \qquad \diamondsuit$$

線形微分方程式・非線形微分方程式

未知関数とその導関数が非線形関数の場合，その微分方程式を**非線形微分方程式**（nonlinear differential equation）という。なお，y^n, y'^n に対して，$n = 0, 1$ のとき線形であるといい，それ以外のとき非線形であるという。

例 1.15 $y'^2 = y$ や $y' = y^2$ は非線形常微分方程式である。

非線形微分方程式は一般解で表現できない解（**特異解**（singular solution））をもつ場合がある。特殊解とは違うので注意すること。

例 1.16 微分方程式 $y' = y^2$ の一般解は $y = \dfrac{1}{-t+C}$ である（C は任意定数）。一方で，$y = 0$ もこの微分方程式を満たすことは容易にわかる。しかしながら，一般解は $y = 0$ を含まないため，これは特異解である。

ところで，1 階の常微分方程式は一般に

$$y' = f(t, y) \tag{1.19}$$

の形をもつ。この場合で最も簡単なのは，$f(t, y) = f(t)$ のときであろう。このとき，微分方程式は $y' = f(t)$ の形をもち，**直接積分型**（direct integration-type）と呼ばれる。解法は以下のとおりである。

≪直接積分型の解法≫

両辺が t の関数なので，両辺を t で積分する。

$$y = \int f(t) dt$$

例 1.17 直接積分型 $y' = 2t$ の一般解は，$y = \displaystyle\int 2t dt = t^2 + C$ である。ここで，C は任意定数とする。

例題 1.6 $y' = t \cos 3t$ に対して，y を求めなさい。

【解答】 両辺を t で積分すると

$$y = \int t \cos 3t \, dt = \boxed{} + C$$

である。 ◇

関数の積の積分を計算するには，部分積分法を用いる必要がある。常微分方程式の求解では頻出のテクニックなので，部分積分法に不慣れな読者は高等学校数学の参考書等を確認されたい。

章 末 問 題

【1】 次の関数から定数 c を消去することで微分方程式を作りなさい。
  (1) $y = ct^2 + 5$
  (2) $y = ce^{-2t^2}$

【2】 次の関数から c_1 と c_2 を消去することで微分方程式を作りなさい。
  (1) $y = c_1 e^{-t} + c_2 e^{-2t}$
  (2) $y = c_1 t + c_2 t^{-1}$

【3】 微分方程式 $y' = -ty^2$ におけるベクトル場 (方向の場) を図示しなさい (方眼紙を使っても，コンピュータを用いてもよい)。

【4】 初期条件が $y(0) = 1$，$y'(0) = 0$ のとき，次の一般解の定数 c_1, c_2 を定めなさい。
  (1) $y = c_1 e^{-2t} + c_2 e^{-3t} + \sin t$
  (2) $y = e^{-t}(c_1 \cos 2t + c_2 \sin 2t) + \cos\left(t + \dfrac{2}{3}\pi\right)$

【5】 次の直接積分型の微分方程式を解きなさい。
  (1) $y' = t^2$
  (2) $y' = \sin 2t$
  (3) $y' = te^{-t}$
  (4) $y' = e^{-t} \cos 2t$

2 1階線形常微分方程式

この章からは，具体的に微分方程式を「解く」ための各種方法について議論していく．本書で扱う微分方程式は，すべて「常微分方程式」と呼ばれるものであり，基本的には線形の常微分方程式を扱う．

2.1 変数分離形

1階の線形常微分方程式 $y' = f(t, y)$ で最も大切な形は，右辺が $f(t, y) = f(t)g(y)$ と t の関数と y の関数に分離できる場合である．このような形を**変数分離形**（separation of variables）と呼んでいる．変数分離形の解法は，すべての常微分方程式の解法の基礎となっているので，大変重要である．

変数分離形

変数分離形とは，微分方程式が

$$y'(t) = f(t)g(y)$$

のように，t だけの関数と y だけの関数の積で表されるものである．

例 2.1 $y' = -y$ の右辺を t の関数 $f(t)$ と y の関数 $g(y)$ に分離するには，$f(t) = -1$, $g(y) = y$ とすればよい．

例題 2.1 $y' = -2t + ty$ を変数分離形 $y' = f(t)g(y)$ で表す場合，$f(t) = t$ とすると，$g(y)$ はどのように表されるか示しなさい．

【解答】 $y' = t(-2 + y)$ だから，$g(y) = \boxed{}$ とすればよい． ◇

変数分離形は次のように解くことができる．

≪変数分離形の解法≫

1. $y'(t) = \dfrac{dy}{dt}$ であることに注意すると，$\dfrac{dy}{dt} = f(t)g(y)$ より $g(y) \neq 0$ を仮定しながら $g(y)$ を移項して

$$\frac{1}{g(y)} \frac{dy}{dt} = f(t)$$

2. 両辺を t で積分すれば

$$\int \frac{1}{g(y)} dy = \int f(t) dt \tag{2.1}$$

となる。ここで，形式的に $\dfrac{dy}{dt} dt = dy$ なる関係を用いた。

3. あとは積分を計算すればよい。

4. $g(y) = 0$ のときの取り扱いについて吟味する。

変数分離形は，常微分方程式の解法の最も基礎となるものである。これをすんなり解けるように練習を重ねることが重要である。

例 2.2 $y' = -y$ の一般解は次のように求めることができる。$y = 0$ は明らかに解である。そこで，$y \neq 0$ のとき，

$\dfrac{1}{y} y' = -1$ より $\displaystyle\int \dfrac{1}{y} dy = -\int dt$ を得る。したがって

$$\log|y| = -t + c \quad (c \text{ は任意定数})$$

である。これより

$$|y| = e^{-t+c} = e^c \cdot e^{-t}$$

を得る。$C = e^c$ ($y > 0$ のとき)，$C = -e^c$ ($y \leq 0$ のとき) とおくと

$$y = Ce^{-t}$$

が得られる。この一般解は $y = 0$ のときを含む。

例 2.3 微分方程式 $y' = -y$ に初期条件 $y(0) = 1$ がある場合，定数 C は $1 = Ce^0$ より $C = 1$ である。したがって，初期値問題の解は $y = e^{-t}$ となる。

例 2.4 例 2.2 の解は一般解，例 2.3 の解は特殊解である。

例題 2.2 $y' = -ty$ の一般解を求めなさい。

【解答】 $y = 0$ は明らかに解である。$y \neq 0$ のとき，$f(t) = -t$, $g(y) = y$ なので

$$\int \frac{1}{y} dy = -\int \boxed{①} \, dt$$

となる。これより

$$\boxed{②} = \boxed{③} + c \quad (c は任意定数)$$

を得る。y について解くと

$$|y| = \boxed{④}$$

なので，任意定数 C を用いると

$$y = \boxed{⑤}$$

となる。これは $y = 0$ をも満たす一般解である。　　　　　　　　　　　　　　◇

つぎに，非常微分方程式では，一般解では表現できない解（特異解）が存在することを見てみよう。

例 2.5 微分方程式 $y' = y^{\frac{3}{2}}$ の解はどうなるだろうか。この微分方程式には，非線形項 $y^{\frac{3}{2}}$ が存在する。

まず，明らかに $y = 0$ は解である。$y \neq 0$ のときは $y^{-\frac{3}{2}} y' = 1$ と変形することで

$$\int y^{-\frac{3}{2}} dy = \int dt$$
$$-2y^{-\frac{1}{2}} = t + c$$

となる。したがって，一般解 $y = \dfrac{4}{(t+c)^2}$ を得る。この一般解は，c をどのような値にしても $y = 0$ を表現できない。したがって $y = 0$ は**特異解**である。

例題 2.3 初期値問題 $y' = -ty^2$, $y(0) = 1$ を解きなさい。

2.1 変数分離形

【解答】 $y = 0$ は明らかに解である。$y \neq 0$ のとき，$f(t) = \boxed{①}$, $g(y) = y^2$ なので

$$\int \frac{1}{y^2} dy = -\int \boxed{②} dt$$

となる。これより

$$\boxed{③} = \boxed{④} + C \quad (C \text{ は任意定数})$$

を得る。これより，一般解は $y = \boxed{⑤}$ である。また $y = \boxed{⑥}$ は $\boxed{⑦}$ 解である。

初期条件 $y(0) = 1$ より $C = \boxed{⑧}$ となり，以下の特殊解を得る。

$$y = \boxed{⑨} \qquad \diamondsuit$$

ところで，変数分離形の解法では，y の関数 $h(y)$ に対して断りもなしに

$$\int h(y) \frac{dy}{dt} dt = \int h(y) dy \tag{2.2}$$

なる関係を使ってしまった。$y(t)$ の微分 $\frac{dy}{dt}$ は分数でも何でもないし，積分記号 $\int \cdot dt$ は「$\cdot$ を t で積分する」という記号なので，dt それ自身は単独で存在し得ない。それなのに，まるで分数の計算をするように $\frac{dy}{dt} dt = dy$ としてしまったが，これは本当によいのだろうか？

疑問に思ったらきちんと証明してみよう。高校数学の範囲で導くことができる。示したいことは，y が t の関数 $y(t)$ になっているとき，y に関するある関数 $h(y) = h(y(t))$ について，式 (2.2) が成り立つことである。右辺から左辺を導こう。右辺を $H(y)$ と書く。つまり，$h(y)$ の y に関する原始関数（primitive function）を $H(y)$ とするという意味である。y は t の関数 $y = y(t)$ であることに注意し，合成関数（function composition）の微分公式を用いれば

$$\frac{dH(y(t))}{dt} = \frac{dH(y)}{dy} \frac{dy(t)}{dt} = h(y) \frac{dy}{dt}$$

である。この両辺を t で積分すれば

$$H(y) = \int h(y) \frac{dy}{dt} dt \tag{2.3}$$

であるから，右辺から左辺が導き出され，式 (2.2) を得る。

例 2.6 $y' = -t + ty^2$ の一般解は次のように求められる。y^2 の項があることから、これは非線形微分方程式である。

まず、$y = \pm 1$ はこの微分方程式を満たすので、解になっている。$y \neq \pm 1$ のときは、$y' = -t(1-y^2)$ と変数を分離すると、$\dfrac{1}{1-y^2}y' = -t$ となる。ここで

$$\frac{1}{(1-y)(1+y)} = \frac{1}{2}\left(\frac{1}{1-y} + \frac{1}{1+y}\right)$$

なる関係を使うと（これを**部分分数分解**（partial fraction expansion）という）

$$\left(\frac{1}{1-y} + \frac{1}{1+y}\right)y' = -2t$$

を得る。積分を実行すると

$$\int\left(\frac{1}{1-y} + \frac{1}{1+y}\right)dy = -\int 2t\,dt$$

より、$-\log|1-y| + \log|1+y| = -t^2 + c$ つまり

$$\log\left|\frac{1+y}{1-y}\right| = -t^2 + c$$

を得る。$\log$ を払えば、$\left|\dfrac{1+y}{1-y}\right| = e^{-t^2+c}$ であるが、改めて $C = \pm e^c$ とおくことで、$\dfrac{1+y}{1-y} = Ce^{-t^2}$ すなわち以下を得る。

$$y = \frac{Ce^{-t^2} - 1}{Ce^{-t^2} + 1}$$

導出の過程において $y = \pm 1$ の場合を除外したが、この一般解において、$C = 0$ のときは $y = -1$ となる。したがって、$y = -1$ はこの一般解に含まれることがわかる。一方で、$y = 1$ はいかなる C によっても表現できないので、特異解である。

上の例では、次のような考え方も可能である。$D = \dfrac{1}{C}$ とおくと

$$y = \frac{e^{-t^2} - D}{e^{-t^2} + D}$$

であり、特異解 $y = 1$ もこの一般解に含まれていると考えることができる。

部分分数分解は、物理学や工学の分野では、広く使われているテクニックである。詳しくは、付録にまとめてある。

例題 2.4 $3y' = -9 + y^2$ の一般解を求めなさい。

【解答】 まず，$y = \pm 3$ は解であることがわかる。$y \neq \pm 3$ のとき，部分分数分解により

$$\left(\frac{1}{y - \boxed{①}} - \frac{1}{y + \boxed{②}} \right) y' = \boxed{③}$$

と変形できる。これより

$$\log \left| \frac{y - \boxed{④}}{y + \boxed{⑤}} \right| = \boxed{⑥} t + c$$

よって

$$\frac{y - \boxed{⑦}}{y + \boxed{⑧}} = Ce^{\boxed{⑨} t}$$

これより

$$y = \boxed{⑩}$$

を得る。ここで，$C = 0$ のときを考慮すると，一般解は $y = \boxed{⑪}$ を含む。また，$y = \boxed{⑫}$ は特異解である。 ◇

例 2.7 放射性物質とは，放射線を放出しながら一定の割合で崩壊する物質のことである。原子核の数を N としたとき，崩壊する速度（微小時間に崩壊する原子核の数）$\dfrac{dN}{dt}$ は，原子核の数に比例する。すなわち，式 (1.5) に示したように

$$\frac{dN}{dt} = -\lambda N \tag{2.4}$$

である。これは変数分離形として解くことができて，その一般解は $N = Ce^{-\lambda t}$ である。初期値を $N(0) = N_0$ とおけば，原子核崩壊の式

$$N = N_0 e^{-\lambda t} \tag{2.5}$$

を得る。

原子核の数が半分になる時間のことを半減期と呼ぶ。半減期を T とすれば

$$\frac{N}{2} = N_0 e^{-\lambda(t+T)}$$

なので，半減期 T と，崩壊定数 λ の間には

$$\lambda = \frac{\log_e 2}{T}$$

なる関係がある。これによって，式 (2.5) は

$$N = N_0 2^{-\frac{t}{T}}$$

と表現することもできる。

コーヒーブレイク

福島第一原子力発電所の事故で拡散されたおもな放射性物質は，ヨウ素 131 と，セシウム 137 である。このなかでも，ヨウ素 131 の半減期は短く，$T = 8.02070$ 日である (理科年表平成 15 年版による)。T が決まれば，λ が求められるので，1 秒間 ($\approx dt$) で崩壊するヨウ素 131 の数を計算することができる。1 秒間で崩壊する放射性物質の数のことをベクレル (Bq) と呼ぶ。したがって，式 (2.4) は，ただちにベクレルを与える式となっている。

例題 2.5 自由落下 (free fall) を考える。空気抵抗は速度に比例するとして，質量 m の物体が落下してから十分時間が経ったときの速度を求めなさい。比例定数は k とする。

【解答】 運動方程式は

$$m\frac{dv}{dt} = mg - kv \tag{2.6}$$

である。これは変数分離形なので

$$\frac{1}{\boxed{①} \, v - \boxed{②}} \frac{dv}{dt} = -1$$

である。これを解くことで以下を得る。

$$v = C \boxed{③} + \boxed{④} \quad (C \text{ は任意定数})$$

初速度が $v(0) = 0$ であれば $C = \boxed{⑤}$ であるため，特殊解は

$$v = \boxed{⑥}$$

である。また，初速度にかかわらず，$t \to \infty$ のとき，$v \to$ ⑦[ ] と，一定の速度になることがわかる。 ◇

微分方程式で問題を解く場合，目的の量が時間の関数になっている場合が多い。例えば，t 秒後の位置 $x(t)$ や，t 秒後の水の量 $V(t)$，t 秒後の速度 $v(t)$ などである。

≪微分方程式に置き換える方法≫

問題を微分方程式に置き換えるには，時刻 t 秒に依存する目的の量 y（t の関数 $y(t)$）を考えて次の手順を踏めばよい。

1. t の微小変化 Δt と，y の微小変化 Δy の関係式を立てる。
2. 式を変形して $\dfrac{\Delta y}{\Delta t}$ の項を作る。
3. $\Delta t \to 0$ のとき，$\dfrac{\Delta y}{\Delta t} \to \dfrac{dy}{dt}$ なので，微分方程式を得る。

例 2.8 ある高度成長している国の人口を調べた。1 か月ごとに記録をとったら，1 か月の人口の増加量が，その前の月の 1% であることがわかった。t か月後の人口を予測しなさい。という問題の場合，t か月後の人口を $y(t)$ として，単位時間 (この場合 1 か月) を Δt，その増分を $\Delta y = y(t + \Delta t) - y(t)$ とする。このとき

$$\Delta y = 0.01 y(t) \times \Delta t \tag{2.7}$$

なので，これより

$$\frac{\Delta y}{\Delta t} = 0.01 y$$

となり，$\Delta t \to 0$ とすることで

$$\frac{dy}{dt} = 0.01 y \tag{2.8}$$

を得る。

例題 2.6 風呂の残り湯を捨てよう。$h(t)$ を t 秒後の水面の高さとし，底面に排水口があり，そこからお湯が流れていく。浴槽の断面積を S，排水口の断面積を a とする。流

22　　2. 1階線形常微分方程式

出する水の運動エネルギーは，水面の水の位置エネルギーに等しい（これは，トリチェリの定理（Torricelli's theorem）と呼ばれている）。したがって，水面の高さ h と，水の流出速度 v の間には，エネルギー保存則より $\frac{1}{2}mv^2 = mgh$ が成立するので，$v = \sqrt{2gh}$ である。

時間 Δt 秒の間に，「浴槽からお湯が減る体積」と「排水口から流れ出るお湯の体積」が等しいとして微分方程式を作り，解を求めなさい。初期水面は $h(0) = h_0$ とする。また，お湯が全部排出されるまでの時間を求めなさい。

【解答】　水面の高さの変化分を $\Delta h = h(t+\Delta t) - h(t) < 0$ で表す。このとき，浴槽から Δt の間にお湯は $\Delta h S$ 減るので変化量は $-\Delta h S$ である。

時間 Δt の間に動く水は，排水口を通ることで損失が発生し，実際は α 倍の速度[†]になる。したがって，排水口から流れ出るお湯の体積は

$$\alpha a \sqrt{2gh}\,\Delta t$$

である。以上から，$\Delta t \to 0$ として，微分方程式を立てると

$$\frac{dh}{dt} = \boxed{①\ -\dfrac{\alpha a \sqrt{2g}}{S}\sqrt{h}}$$

となる。これは変数分離形なので

$$\frac{1}{\sqrt{\boxed{②\ h}}}\frac{dh}{dt} = -\boxed{③\ \dfrac{\alpha a \sqrt{2g}}{S}}$$

と変形して，両辺積分して一般解を求めると

$$h = \boxed{④\ \left(-\dfrac{\alpha a \sqrt{2g}}{2S}t + C\right)^2}$$

を得る。初期条件より，$C = \boxed{⑤\ \sqrt{h_0}}$ なので

$$h = \boxed{⑥\ \left(\sqrt{h_0} - \dfrac{\alpha a \sqrt{2g}}{2S}t\right)^2}$$

である。お湯がすべて排出されるまでの時間 T は，$h = 0$ となる時間なので以下となる。

$$T = \boxed{⑦\ \dfrac{2S\sqrt{h_0}}{\alpha a \sqrt{2g}} = \dfrac{S}{\alpha a}\sqrt{\dfrac{2h_0}{g}}} \qquad \diamondsuit$$

[†]　$\alpha = 0.6$ 程度になる。

2.2 同　次　形

再び微分方程式の解法に戻ろう。

---**同次形**---

うまく変形して $y' = f\left(\dfrac{y}{t}\right)$ の形になるものを同次形（homogeneous form）という。

同次形は，変数分離形に持ち込むことで解決する。そのためには，$u = \dfrac{y}{t}$ とおけばよい。

≪同次形の解法≫

1. $u = \dfrac{y}{t}$ とおくと，$y' = f(u)$ である。
2. $y = ut$ と変形した式の両辺を t で微分すると

    $$y' = u't + u$$

    を得る。この式を微分方程式の左辺に代入すると，$u't + u = f(u)$ となり，これは変数分離形である。したがって，$u't = f(u) - u$ より

    $$\frac{1}{f(u) - u}u' = \frac{1}{t}$$

    と変形し，変数分離形の解法を適用すればよい。
3. u の一般解の解 u を $y = ut$ に代入することで，y の一般解を得る。

例 2.9 $y' = \dfrac{t - y}{t}$ を考えよう。

$\dfrac{t-y}{t} = 1 - \dfrac{y}{t}$ なので，$u = \dfrac{y}{t}$ とおく。$y = ut$ を両辺 t で微分したものと y を代入することで

$$u't + u = 1 - u \tag{2.9}$$

となる。これは変数分離形であり，その解は

$$u = \frac{1}{2}\left(1 - \frac{c}{t^2}\right) \tag{2.10}$$

である。最後に y を戻して，$y = \dfrac{1}{2}\left(t - \dfrac{c}{t}\right)$ となる。

例題 2.7 $y' = \dfrac{t^2 + y^2}{ty}$ の一般解を求めなさい。

【解答】 右辺の分母分子を t^2 で割ることで $y' = \boxed{①}$ を得る。$u = \dfrac{y}{t}$ とおき，$y = ut$ の両辺を t で微分すると，$y' = \boxed{②}$ となる。これにより，u に関する微分方程式 $tu' = \boxed{③}$ を得る。これは変数分離形なので，$\displaystyle\int \boxed{④}\, du = \int \boxed{⑤}\, dt$

となり，これを解くことで

$$u = \boxed{⑥} \qquad (C\ \text{は任意定数})$$

となるので

$$y = \boxed{⑦}$$

である。 ◇

2.3 1階線形常微分方程式

次の微分方程式

$$y' + a(t)y = 0 \tag{2.11}$$

は，明らかに変数分離形である。一般的に，求める関数のみの項を左辺にまとめたとき（この場合 $y' + a(t)y$），右辺が 0 となる微分方程式を**斉次（同次）方程式**（homogeneous equation）と呼ぶ[†]。

右辺が 0 ではない場合これを**非斉次方程式**（non-homogeneous equation）と呼んでいる。

[†] 正しくは，斉次線形常微分方程式と呼ぶべきだが，慣例に従って斉次方程式と呼ぶことが多い。非斉次方程式も同様である。

> **1階非斉次（非同次）線形常微分方程式**
>
> $$y' + a(t)y = b(t) \tag{2.12}$$
>
> の形で書ける微分方程式を1階非斉次（非同次）線形常微分方程式と呼ぶ。

特に $a(t)$ が定数のとき，定数係数の1階線形常微分方程式（1st order linear ordinary differential equation）と呼び，さまざまな現象（物理，制御，電気電子，情報工学）をこの形で書くことができる。また，$b(t) = 0$ のときの一般解は，$\frac{1}{y}y' = -a(t)$ より，$y = ce^{-\int a(t)dt}$ で与えられる。この，非斉次項 $b(t) = 0$ としたときの一般解を**斉次解**（homogeneous solution）と呼ぶ。

2.3.1 非斉次方程式の一般解

この微分方程式を解くためには，次のように $y(t)$ を $c(t)$ の微分方程式に変換すればよいことが知られている。

《非斉次方程式の解法》

$y(t)$ を

$$y(t) = c(t)e^{-\int a(t)dt} \tag{2.13}$$

のようにおき，これをもとの微分方程式に代入して，$c(t)$ の微分方程式に変換する。

式 (2.13) の両辺を微分すると

$$y' = c'e^{-\int adt} - ace^{-\int adt} \tag{2.14}$$

なので，式 (2.13) と式 (2.14) を式 (2.12) に代入すると

$$c'e^{-\int adt} - ace^{-\int adt} + ace^{-\int adt} = b(t)$$

となるので

$$c' = b(t)e^{\int adt}$$

を得る。したがって，両辺積分して

$$c = \int b(t)e^{\int a(t)dt}dt + C$$

を得る。最後に，式 (2.13) に代入すれば

$$\begin{aligned}y &= e^{-\int a(t)dt}\left(\int b(t)e^{\int a(t)dt}dt + C\right)\\ &= e^{-\int a(t)dt}\left(\int b(t)e^{\int a(t)dt}dt\right) + \underline{Ce^{-\int a(t)dt}}\end{aligned} \qquad (2.15)$$

が一般解となる。

ここで気づくことは，式 (2.15) の下線部が $b(t) = 0$ とした斉次方程式 $y' + a(t)y = 0$ の一般解になっていることである。非斉次方程式の一般解についての重要な性質を次に挙げる。

非斉次方程式の一般解

非斉次方程式 $y' + a(t)y = b(t)$ のある**特殊解**を y_p とする。さらに，斉次方程式 $y' + a(t)y = 0$ の一般解（斉次解）を y_0 とする。このとき，非斉次方程式 $y' + a(t)y = b(t)$ の**一般解**は

$$y = y_p + y_0 \qquad (2.16)$$

で与えられる。

すなわち，式 (2.15) においては

$$y_p = e^{-\int a(t)dt}\left(\int b(t)e^{\int a(t)dt}dt\right)$$
$$y_0 = Ce^{-\int a(t)dt}$$

である。

ところで，変換式 (2.13) は，斉次方程式の一般解 $y_0(t)$ において任意定数 C を変数 $c(t)$ に置き換えた形をしている。したがって，1 階線形常微分方程式の解法は，次のようにまとめることができる。なお，以下のような方法は，**定数変化法**（variation of parameters）と呼ばれている。

≪定数変化法≫

1. $b(t) = 0$ とおき $y' + a(t)y = 0$ の一般解 $y = ce^{-\int a(t)dt}$ を得る。
2. 定数 c を，変数 $c(t)$ に置き換えることで，変換式 $y = c(t)e^{-\int a(t)dt}$ を得る。

3. この y を微分方程式に代入し，$c(t)$ の解を得る。
　　4. 求められた $c(t)$ を戻して，y の一般解を得る。

例 2.10　$y' + 2y = e^{-t}$ を求めるには，まず斉次方程式 $y' + 2y = 0$ を解く。一般解は $y = ce^{-2t}$ なので，c を $c(t)$ に置き換えて，$y = c(t)e^{-2t}$ をもとの微分方程式に代入する。$y = ce^{-2t}$ より $y' = c'e^{-2t} - 2ce^{-2t}$ なので

$$c'e^{-2t} - 2ce^{-2t} + 2ce^{-2t} = e^{-t}$$

より，$c' = e^t$ を得る。これより，$c = e^t + C$ なのでこれをを y に戻すと

$$y = (e^t + C)e^{-2t} = e^{-t} + Ce^{-2t}$$

を得る。

例題 2.8　例 2.10 で，$y = e^{-t}$ が特殊解になっていることを確かめなさい。

【解答】　左辺を計算すると，左辺 $= \boxed{e^{-t}}$ となる。　　　　　　　　　$\diamondsuit$

例題 2.9　例 2.10 で，右辺が $\sin t$ の場合，つまり $y' + 2y = \sin t$ の一般解を求めなさい。

【解答】　斉次解は $y(t) = ce^{-2t}$ であるので，例 2.10 と同様に解こう。$y(t) = c(t)e^{-2t}$ を与式に代入すると

$$c' = \boxed{e^{2t}\sin t}^{①}$$

となる。したがって

$$c = \boxed{\dfrac{e^{2t}(2\sin t - \cos t)}{5} + C}^{②} \quad (C \text{ は任意定数})$$

となり，一般解

$$y = \boxed{\dfrac{2\sin t - \cos t}{5} + Ce^{-2t}}^{③}$$

を得る。　　　　　　　　　　　　　　　　　　　　　　　　　　　　　$\diamondsuit$

例題 2.10 例題 2.9 の一般解が $y_0 + y_p$ の形で与えられ，y_p が確かに特殊解であることを説明しなさい。

【解答】$y_0 =$ ①_____ および $y_p =$ ②_____ である。$y_p' =$ ③_____ より，$y_p' + 2y_p =$ ④_____ を得るため，y_p が特殊解であることがわかる。 ◇

2.3.2　1階線形常微分方程式の応用問題

これまでに得た知識で，実際の問題を解いてみよう。

まず，図 2.1 に示すように，抵抗とコンデンサ（CR 回路），抵抗とコイル（LR 回路）の直列電気回路を考える。素子の電圧と，流れる電流は時間とともに変化する。コンデンサとコイルの両端の電圧を，図 2.1 のようにそれぞれ $v_C(t), v_L(t)$ で表す。物理学（電磁気学）によれば，コンデンサの電気容量が C，コイルのリアクタンスが L のとき，直列回路の電流 $i(t)$ に対する電位差はそれぞれ以下のとおりである。

(a) CR 回路のコンデンサに流れる電流　　コンデンサの電位差を $v_C(t)$ とすると

$$i(t) = C\frac{dv_C(t)}{dt} \tag{2.17}$$

(b) LR 回路のコイルの電位差　　コイルに流れる電流を $i(t)$ とする。このとき，コイルの電位差 $v_L(t)$ より

$$v_L(t) = L\frac{di(t)}{dt} \tag{2.18}$$

つまり，コイルの電圧は電流の時間変化に比例し，コンデンサの電流は電圧の時間変化に比例しているのである。

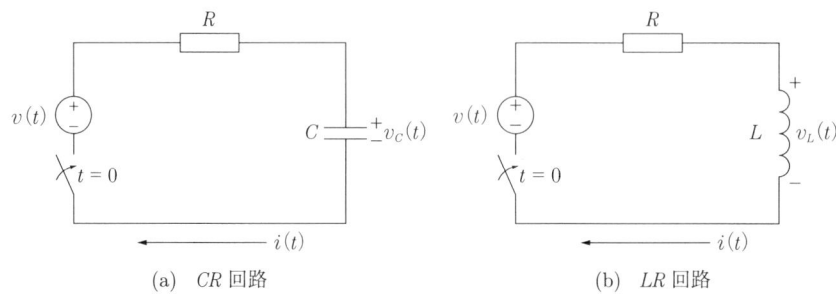

(a) CR 回路　　　　　　(b) LR 回路

図 2.1　2種類の直列電気回路

2.3 1階線形常微分方程式

例 2.11 コンデンサの両端における電位差を，図 2.1 (a) のとおり $v_C(t)$ とすると，抵抗の両端での電位差は電源電圧 $v(t)$ を用いて $v(t) - v_C(t)$ である．キルヒホッフの電流則（Kirchhoff's current law）によれば，抵抗とコンデンサに流れる電流は等しいので

$$\frac{v(t) - v_C(t)}{R} = C\frac{dv_C(t)}{dt}$$

が成り立つ．この方程式を整理すると

$$v'_C(t) + \frac{1}{CR}v_C(t) = \frac{1}{CR}v(t)$$

となり，これは 1 階線形常微分方程式である．

例題 2.11 例 2.11 で，電源が直流 $v(t) = E$ のときの $v_C(t)$ と，回路の電流 $i(t)$ を求めなさい．

【解答】 この解は，1 階線形常微分方程式の解法（定数変化法など）によって求められるが，じつは変数分離形として解くこともできる．一般解は

$$v_C(t) = \boxed{① \; A e^{-t/(CR)} + E} \quad \text{（任意定数を } A \text{ とする）}$$

となるが，$v(t) = \boxed{②\; 0}$ としたときの一般解 $v_0(t) = \boxed{③\; A e^{-t/(CR)}}$ と，特殊解 $v_p(t) = \boxed{④\; E}$ の和になっていることがわかる．特に回路では，$v_0(t)$ のことを過渡応答，$v_p(t)$ を定常応答と呼んでいる．

コンデンサの初期電荷が 0 であれば，スイッチを $t = 0$ でオンにした場合の初期条件は $v_C(0) = 0$ である．これより，この場合の特殊解は

$$v_C(t) = \boxed{⑤ \; E\left(1 - e^{-t/(CR)}\right)}$$

である．また，式 (2.17) により

$$i(t) = C\frac{dv_C(t)}{dt} = \boxed{⑥ \; \frac{E}{R} e^{-t/(CR)}}$$

を得る．さらに，$t \to \infty$ のとき $v_C(t) \to \boxed{⑦\; E}$ である．この解に現れる CR のことを時定数（time constant）と呼んでいる． ◇

例 2.12 コイルの両端における電位差を，図 2.1 (b) のとおり $v_L(t)$ とする。また，回路の各素子に流れる電流を $i(t)$ とする。抵抗の電圧は $Ri(t)$ なので，キルヒホッフの電圧則（Kirchhoff's voltage law）により

$$L\frac{di(t)}{dt} + Ri(t) = v(t)$$

を得る。したがって，電流 $i(t)$ についての微分方程式

$$i'(t) + \frac{R}{L}i(t) = \frac{1}{L}v(t)$$

が得られる。

例題 2.12 例 2.12 で，電源電圧が $v(t) = E$ のときの回路電流 $i(t)$ とコイルの電圧 $v_L(t)$ を求めなさい。なお，スイッチを入れた時に電流は流れていない，つまり $i(0) = 0$ とする。

【解答】　まずは，一般解を求めると

$$i(t) = \boxed{① \; A e^{-\frac{R}{L}t} + \frac{E}{R}} \quad \text{（任意定数を A とする）}$$

である。これは 1 階非斉次線形常微分方程式なので，$v(t) = \boxed{② \; 0}$ としたときの一般解 $i_0(t) = \boxed{③ \; A e^{-\frac{R}{L}t}}$ と，特殊解 $i_p(t) = \boxed{④ \; \dfrac{E}{R}}$ の和になっていることがわかる。

さらに初期条件より $i(t) = \boxed{⑤ \; \dfrac{E}{R}\left(1 - e^{-\frac{R}{L}t}\right)}$ を得る。さらに，式 (2.18) より

$$v_L(t) = L\frac{di(t)}{dt} = \boxed{⑥ \; E e^{-\frac{R}{L}t}}$$

である。

$t \to \infty$ のとき $i(t) \to \boxed{⑦ \; \dfrac{E}{R}}$ である。　　　　　　　　　　　　　　$\diamond$

2.4 １階線形常微分方程式に帰着できる方程式

式変形によって，１階線形常微分方程式に帰着する例をいくつか見ていく。

2.4.1 ベルヌーイ方程式

変数変換で線形の微分方程式に変形できる代表例がベルヌーイ方程式（Bernoulli's equation）である。

ベルヌーイ方程式

$y' + a(t)y = b(t)y^n$ の形をしている微分方程式をベルヌーイ方程式と呼ぶ。ただし，$n \neq 0, 1$ である。

これは非線形の微分方程式であるが，変数変換をすることで線形の微分方程式に変形できる。以下に示す解法は，ライプニッツによって 1696 年に発見された。

≪ベルヌーイ方程式の解法≫

1. 右辺から y^n を消すために，両辺に y^{-n} を掛けると

$$y^{-n}y' + a(t)\underline{y^{1-n}} = b(t)$$

を得る。

2. 上式の下線部に着目し，$u = y^{1-n}$ とおく。この u を t で微分すると

$$u' = (1-n)y^{-n}y'$$

である。

3. この式を，方程式の両辺に $1-n$ を掛けたもの

$$(1-n)y^{-n}y' + (1-n)a(t)y^{1-n} = (1-n)b(t)$$

に代入することで

$$u' + (1-n)a(t)u = b(t)(1-n)$$

を得る。これは１階線形常微分方程式である。

例題 2.13 $y' + y = ty^2$ の一般解を求めなさい。

【解答】 この方程式は，$n = $ ① 2 のベルヌーイ方程式である。

したがって，両辺に ② y^{-2} を掛けると，③ $y^{-2}y' + y^{-1} = t$ となる。

ここで，$u = $ ④ y^{-1} とおく。両辺を t で微分すれば，$u' = $ ⑤ $-y^{-2}y'$ であるので，u に関する微分方程式は ⑥ $u' - u$ $=$ ⑦ $-t$ となる。これは 1 階線形常微分方程式の形をしている。u の一般解は $u = $ ⑧ $t + 1 + Ce^{t}$ （C は任意定数）となり，y を戻すことによって

$$y = \frac{1}{t + 1 + Ce^{t}}$$

を得る。 ◇

ベルヌーイ方程式の代表的な例は，以下に挙げる**ロジスティック方程式**（logistic equation）である。

ロジスティック方程式

定数 $K > 0$, $r > 0$ に対して

$$\frac{dy}{dt} = r\left(1 - \frac{y}{K}\right)y \tag{2.21}$$

の形をしているものを，ロジスティック方程式と呼ぶ。

ロジスティック方程式は，人口の変動や，生物個体数の変動，また普及率を表現するモデルとして知られている。また，人工ニューラルネットワークにおいて，ロジスティック方程式は重要な役割を担っている。

例 2.14 ロジスティック方程式について，$y(0) = y_0$ のときの初期値問題を解こう。

式 (2.21) は，変数分離形になっているので，部分分数分解を用いて解くこともできる[†]が，ここでは $n = 2$ のベルヌーイ方程式とみなして解くことにする。

両辺に y^{-2} を掛けると

$$y^{-2}y' - ry^{-1} = -\frac{r}{K}$$

を得るので，$u = y^{-1}$ とおく。そうすると，1 階線形常微分方程式

$$u' + ru = \frac{r}{K}$$

を得る。この一般解は，定数変化法でも求めることができるし，変数分離形として求めることもできて

$$u = \frac{1}{K} - Ce^{-rt}$$

である。初期条件 $y(0) = y_0$ より，$C = \frac{1}{K} - \frac{1}{y_0}$ なので

$$y = \frac{y_0 K}{y_0 + (K - y_0)e^{-rt}} \tag{2.22}$$

を得る。

式 (2.22) で，$t \to \infty$ のとき $y(t) \to K$ となることがわかる。また

[†] 付録の例 A.13 を参照にされたい。

$$y = \frac{y_0 K e^{rt}}{y_0 e^{rt} + (K - y_0)} \tag{2.23}$$

と変形すると，$t \to -\infty$ のとき $y(t) \to 0$ であることがわかる。つまり，ロジスティック方程式には，上限と下限が存在し，それぞれ K と 0 である。この極限値 $y = 0, K$ は，式 (2.21) において，y の微分を 0 とおいたときの y に相当する。y の時間変化がない点が $y = 0, K$ であると解釈できる。このような点を停留点と呼ぶ。異なる y_0 に対して，$\frac{y}{K}$ をプロットしたものが，図 2.2 である。

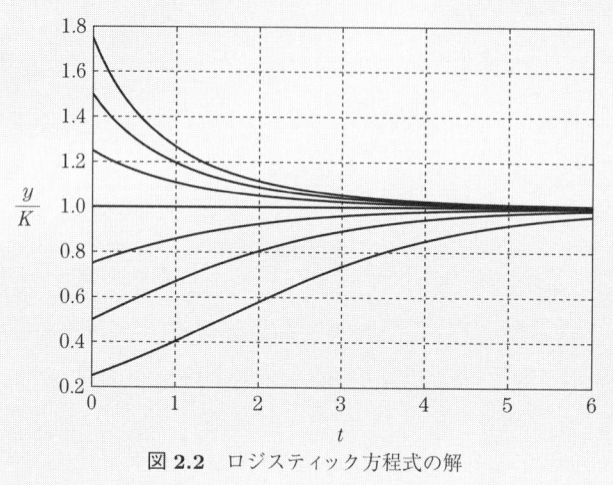

図 2.2 ロジスティック方程式の解

なお，$K = 1$ とすれば，$0 < y(t) < 1$ が成り立ち，$y(t)$ は確率分布のよい近似になったりする（詳しくは統計学の成書を参考にされたい）。

2.4.2 リッカチ方程式

1階非線形常微分方程式としてよく知られているものが，リッカチ方程式（Riccati's equation）である。

---**リッカチ方程式**---

$y' = a(t) y^2 + b(t) y + c(t)$ の形をした微分方程式をリッカチ方程式と呼ぶ。

解の一つ（特殊解）y_0 がわかっている場合，次のように $u = y - y_0$ とおくことで，ベルヌーイ方程式に帰着できる。

≪リッカチ方程式の解法≫

1. まず，$u = y - y_0$ とおく．
2. $y = u + y_0$ と変形のうえ，両辺を t で微分する．すると，$y' = u' + y_0'$ となる．
3. これらを代入すると
$$u' + y_0' = a(t)(u+y_0)^2 + b(t)(u+y_0) + c(t) \tag{2.24}$$
である．
4. y_0 は解の一つだから，$y_0' = a(t)y_0^2 + b(t)y_0 + c(t)$ が成り立ち，これを使うと
$$u' - [2a(t)y_0 + b(t)]u = a(t)u^2 \tag{2.25}$$
を得る．これはまさに $n=2$ のベルヌーイ方程式である．

例 2.15 $y' = -2y^2 + t^{-2}$ （一つの解 $y_0 = t^{-1}$ は既知とする）

既知解を用いて $u = y - t^{-1}$ とおく．$y = u + t^{-1}$ より両辺微分すると $y' = u' - t^{-2}$ である．これをもとの式に代入すると，$u' - t^{-2} = -2(u + t^{-1})^2 + t^{-2}$ となる．したがって

$$u' + 4t^{-1}u = -2u^2$$

と整理される．これは $n=2$ のベルヌーイ方程式である．したがって，ベルヌーイ方程式の解法にしたがって解けばよい．

2.5 完全微分方程式*

次の微分方程式を考えよう．

$$2x + y^3 + 3xy^2 \frac{dy}{dx} = 0 \tag{2.26}$$

これを変形すると，$3xy^2 y' = -(2x + y^3)$ となり，右辺はどうがんばっても因数分解，つまり変数分離できない．

じつは $f(x, y) = x^2 + xy^3$ を考えると，式 (2.26) は

$$\frac{\partial f}{\partial x} + \frac{\partial f}{\partial y}\frac{dy}{dx} = 0 \tag{2.27}$$

と書き直すことができる。

微積分の**連鎖律**（chain rule）の公式 (A.2)（付録参照）を用いると

$$\frac{df}{dx} = \frac{\partial f}{\partial x}\frac{dx}{dx} + \frac{\partial f}{\partial y}\frac{dy}{dx} = \frac{\partial f}{\partial x} + \frac{\partial f}{\partial y}\frac{dy}{dx} \tag{2.28}$$

である。ここで，$\frac{\partial f}{\partial x}$ は**偏微分**（partical derivative）であり，$f(x,y)$ で x 以外を定数としてみなした微分である（付録 A.1 節参照）。これより，微分方程式 (2.26) は，$\frac{df}{dx} = 0$ と等価，つまり

$$2x + y^3 + 3xy^2\frac{dy}{dx} = 0 \iff \frac{df}{dx} = \frac{d}{dx}(x^2 + xy^3) = 0 \tag{2.29}$$

である。したがって，解は

$$x^2 + xy^3 = C \quad (C \text{ は任意定数})$$

となる。

この例を一般化するために，式 (2.26) に戻ろう。この微分方程式は，一般的に

$$P(x,y) + Q(x,y)y' = 0 \tag{2.30}$$

なる形をもっている。ここで，例 2.15 のように，ある $f(x,y)$ が存在して，それらが

$$\frac{\partial f(x,y)}{\partial x} = P(x,y) \tag{2.31}$$

$$\frac{\partial f(x,y)}{\partial y} = Q(x,y) \tag{2.32}$$

を満たしているとする。このとき，連鎖律により式 (2.30) は

$$\frac{d}{dx}f(x,y) = 0 \tag{2.33}$$

となる。

完全微分方程式

微分方程式 $P(x,y) + Q(x,y)y' = 0$ の P, Q が，式 (2.31)，式 (2.32) のように，ある関数 $f(x,y)$ をそれぞれ x と y で偏微分したものになっているとき，**完全微分方程式**（exact differential equation）といい，その解は $f(x,y) = c$ で与えられる。

なお，$P(x,y) + Q(x,y)y' = 0$ を満たす関数 $f(x,y)$ が**必ず存在する**とは限らない。完全微分方程式かどうかを判定するには，以下に示す定理 2.1 のような方法がある。

定理 2.1 （完全微分方程式の判定条件）　$P(x,y) + Q(x,y)y' = 0$ が完全微分方程式であるための必要十分条件は

$$\frac{\partial P(x,y)}{\partial y} = \frac{\partial Q(x,y)}{\partial x} \tag{2.34}$$

である。

証明　$P(x,y) + Q(x,y)y' = 0$ が完全微分方程式であれば，式 (2.31) と式 (2.32) を満たす $f(x,y)$ が存在する。したがって

$$\frac{\partial P(x,y)}{\partial y} = \frac{\partial^2 f(x,y)}{\partial y \partial x} = \frac{\partial^2 f(x,y)}{\partial x \partial y} = \frac{\partial Q(x,y)}{\partial x}$$

である[†]。

逆に，式 (2.34) が成り立つとする。$R(x,y) = Q(x,y) - \dfrac{\partial}{\partial y}\displaystyle\int P(x,y)dx$ とおく。このとき

$$\begin{aligned}
\frac{\partial R(x,y)}{\partial x} &= \frac{\partial}{\partial x}\left\{Q(x,y) - \frac{\partial}{\partial y}\int P(x,y)dx\right\} \\
&= \frac{\partial Q(x,y)}{\partial x} - \frac{\partial}{\partial y}\frac{\partial}{\partial x}\int P(x,y)dx \\
&= \frac{\partial Q(x,y)}{\partial x} - \frac{\partial P(x,y)}{\partial y} = 0
\end{aligned}$$

したがって，$R(x,y) = R(y)$（y のみの関数）である。そこで，$f(x,y) = \displaystyle\int P(x,y)dx + \int R(y)dy$ とおくと

$$\begin{aligned}
\frac{\partial f(x,y)}{\partial x} &= P(x,y) \\
\frac{\partial f(x,y)}{\partial y} &= \frac{\partial}{\partial y}\int P(x,y)dx + Q(x,y) - \frac{\partial}{\partial y}\int P(x,y)dx = Q(x,y)
\end{aligned}$$

を得る。したがって

$$P(x,y) + Q(x,y)y' = \frac{\partial f(x,y)}{\partial x}\frac{dx}{dx} + \frac{\partial f(x,y)}{\partial y}\frac{dy}{dx} = \frac{df(x,y)}{dx}$$

となり，$P(x,y) + Q(x,y)y' = 0$ が完全微分方程式となることが示された。　□

例 2.16　$\dfrac{\partial}{\partial y}(x+y) = 1$，$\dfrac{\partial}{\partial x}(x-y) = 1$ が成り立つとき，$(x+y) + (x-y)y' = 0$ は完全微分方程式である。

例題 2.14　$3x^2 y + (2x^3 - 4y^2)y' = 0$ は完全微分方程式ではないことを確かめなさい。

[†] 厳密には，関数の連続性を仮定しなくてはならないが，ここでは細かい議論は省く。

2. 1階線形常微分方程式

【解答】 $\dfrac{\partial}{\partial \boxed{①}}(3x^2y) = \boxed{②}$, $\dfrac{\partial}{\partial \boxed{③}}(2x^3-4y^2) = \boxed{④}$ であり，両者は一致しないため完全微分方程式ではない。　　　　◇

完全微分方程式を解くには，次の手順をふめばよい。

≪完全微分方程式の解法≫

1. $P = \dfrac{\partial f}{\partial x}$ だから，$f(x,y) = \displaystyle\int P\,dx + R(y)$ と書ける。$R(y)$ を見つけよう。

2. $Q = \dfrac{\partial f}{\partial y}$ だから，$Q = \dfrac{\partial}{\partial y}\displaystyle\int P\,dx + \dfrac{dR}{dy}$ が成り立つ。

3. 両辺を y で積分すると，$R(y)$ が求められる。つまり
$$R(y) = \int\left(Q - \frac{\partial}{\partial y}\int P\,dx\right)dy$$
となる。

4. 以上のようにして求められた $f(x,y)$ より，解は $f(x,y) = c$ となる。

例 2.17 例 2.16 で扱った $(x+y) + (x-y)y' = 0$ を解いてみよう。

まず
$$f(x,y) = \int(x+y)dx + R(y) = \frac{1}{2}x^2 + xy + R(y)$$

である。次に，$x - y = \dfrac{\partial f}{\partial y} = x + R'(y)$ より $R'(y) = -y$ なので，$R(y) = -\dfrac{1}{2}y^2 + c$ となる。これより，$f(x,y) = \dfrac{1}{2}x^2 + xy - \dfrac{1}{2}y^2 + c$ を得るので，完全微分方程式の解は

$$x^2 + 2xy - y^2 = C \quad (C \text{ は任意定数})$$

となる。

例題 2.15 $3x^2y^2 + 2x^3yy' = 0$ の一般解を求めなさい。

【解答】 $\dfrac{\partial}{\partial y}\left(\boxed{①}\right) = \boxed{②}$, $\dfrac{\partial}{\partial x}\left(\boxed{③}\right) = \boxed{④}$ なので，

これは完全微分方程式である。

まず，$f(x,y) = \int \boxed{⑤} \, dx + R(y) = \boxed{⑥} + R(y)$ である。

次に，$\dfrac{\partial f}{\partial y} = 2x^3 y$ および，$f(x,y)$ の y に関する偏微分 $\dfrac{\partial f}{\partial y} = \boxed{⑦} + R'(y)$ より

$R'(y) = \boxed{⑧}$ なので，$R(y) = \boxed{⑨}$ となる。したがって，$f(x,y) = \boxed{⑩}$

を得るので，完全微分方程式の解は，$\boxed{⑪} = C$ (C は任意定数) となる。　◇

完全微分方程式でない場合にも，多少の式変形で完全微分方程式になる場合がある。

積分因子

$P(x,y) + Q(x,y)y' = 0$ は完全微分方程式ではないが，適切な $\mu(x,y)$ を掛けた式 $\mu(x,y)P(x,y) + \mu(x,y)Q(x,y)y' = 0$ が完全微分方程式になる場合がある。この $\mu(x,y)$ を**積分因子**（integrating factor）と呼ぶ。

例 2.18　例題 2.14 においては，$\mu(x,y) = y$ が積分因子である。

確かに，$3x^2 y + (2x^3 - 4y^2)y' = 0$ の両辺に y を掛けると

$$3x^2 y^2 + (2x^3 y - 4y^3)y' = 0$$

であり，$\dfrac{\partial}{\partial y}(3x^2 y^2) = 6x^2 y$，$\dfrac{\partial}{\partial x}(2x^3 y - 4y^3) = 6x^2 y$ となり，完全微分方程式であることが示される。

積分因子に関しては，本書ではこれ以上立ち入らない。微分方程式の成書に具体例や詳細を見つけることができるので，参照されたい。

章　末　問　題

【1】次の微分方程式を解きなさい。
(1) $y' = -2y + 3$
(2) $ty' + 2y = 0$ $(t \neq 0)$
(3) $y' = y^2$
(4) $y' = \sqrt{y}, \quad y(0) = 0$
(5) $2y' = -1 + y^2$

2. 1階線形常微分方程式

【2】 次の微分方程式を解きなさい。
  (1) $y' = \dfrac{t-y}{t}$
  (2) $y' = \dfrac{y + \sqrt{t^2 + y^2}}{t}$
  (3) $y' = \dfrac{1}{t-y}$

【3】 次の微分方程式を解きなさい。
  (1) $y' + 2y = e^{-t}$
  (2) $y' + 2y = e^{-2t}$
  (3) $y' + y = -\sin 2t$
  (4) $y' + y = -2te^{-3t}, \quad y(0) = 1$

【4】 指数関数 $e^{-\frac{t}{\tau}}$ において，τ のことを時定数と呼んでいる．LR 回路における時定数 τ を求めなさい．

【5】 次の微分方程式を解きなさい．
  (1) $y' - 2y = -y^2 e^{-3t}$
  (2) $y' - y = ty^3$

【6】 次の微分方程式が完全微分方程式かどうか判定し，そうであるならば解を求めなさい．
  (1) $(x - y) + (x + y)y' = 0$
  (2) $3x^2 y + x^3 y' = 0$
  (3) $3x^2 y^2 + (2x^3 y - 4y^3)y' = 0$

【7】 $\dfrac{dy}{dx} = -\dfrac{3x^2 + y^2}{2xy}$ について
  (1) 同次形として変数変換で解きなさい．
  (2) 完全微分方程式として解きなさい．(1) の場合と解が一致することを確かめなさい．

【8】 例 2.15 の解を求めなさい．

3 | 2階斉次線形常微分方程式

　本章で扱う，2階斉次線形常微分方程式は，外力や外部電源をもたない振動系や電気回路をそれぞれ記述するものである．また，一般的な微分方程式を解く際，最も基礎的な部分となっている．特に定数係数の微分方程式の場合，微分方程式を解くことが，2次方程式の根を求めることと同値であることが，大変おもしろい点である．

3.1 斉次方程式と非斉次方程式

　本章と次章で扱う微分方程式は

$$y'' + p(t)y' + q(t)y = g(t) \tag{3.1}$$

の形をしたものである．左辺を慣例に従って $L[y]$ で表す．このとき，2.3節で述べたように $L[y] = 0$ となる方程式を斉次方程式，$L[y] = g(t)$ となる場合を非斉次方程式と呼ぶ．特に本章では，斉次方程式の解法について学ぶ．

　また，2階の微分方程式の場合，初期値問題は

$$y(t_0) = y_0, \qquad y'(t_0) = y'_0 \tag{3.2}$$

と，二つの条件によって与えられる．したがって，任意定数は二つ存在することに注意する．この理由は，次節で述べる．

　式 (3.1) に解が存在し，またそれが一意に決まる（解の一意性）ことが，次に示す解の**存在定理**（existence theorem）によって保証されている．

定理 3.1　（解の存在定理）　$p(t)$ と $q(t)$ は，点 t_0 を含む開区間 I で連続とする．初期値問題

$$y'' + p(t)y' + q(t)y = g(t), \qquad y(t_0) = y_0, \qquad y'(t_0) = y'_0 \tag{3.3}$$

に対して，唯一の解 $y = \phi(t)$ が区間 I に存在する．

証明 証明は省略する。 □

3.2 2階斉次線形常微分方程式の一般解

この節では，2階斉次線形常微分方程式の一般解が，1次独立と呼ばれる性質を満たす二つの解（基本解（fundamental solutions））の線形結合で与えられることを学習する。まずは，解の**線形性**（linearity）と呼ばれる基本的な原理から見ていこう。

定理 3.2（解の線形性） y_1 と y_2 がともに

$$L[y] = y'' + p(t)y' + q(t)y = 0 \tag{3.4}$$

の解であるならば，その線形結合 $y = c_1 y_1 + c_2 y_2$ も任意の値 c_1, c_2 に対して解となる。

証明 証明は省略する。 □

上に示した定理 3.2 で，解 $y = c_1 y_1 + c_2 y_2$ が初期条件を $y(t_0) = y_0, y'(t_0) = y'_0$ で与えられるとき，y_1 と y_2 の満たすべき条件は何であろうか。

まず，初期条件より

$$c_1 y_1(t_0) + c_2 y_2(t_0) = y_0 \tag{3.5}$$

$$c_1 y'_1(t_0) + c_2 y'_2(t_0) = y'_0 \tag{3.6}$$

が成り立つ。これを解くことによって

$$c_1 = \frac{y_0 y'_2(t_0) - y'_0 y_2(t_0)}{y_1(t_0) y'_2(t_0) - y'_1(t_0) y_2(t_0)} \tag{3.7}$$

$$c_2 = \frac{-y_0 y'_1(t_0) + y'_0 y_1(t_0)}{y_1(t_0) y'_2(t_0) - y'_1(t_0) y_2(t_0)} \tag{3.8}$$

を得る。この c_1 と c_2 が意味をなすためには，分母が 0 であってはならない。この分母は，**ロンスキアン**（Wronskian）と呼ばれており，次の行列式（determinant）

$$W(y_1, y_2)(t_0) = \begin{vmatrix} y_1(t_0) & y_2(t_0) \\ y'_1(t_0) & y'_2(t_0) \end{vmatrix} = y_1(t_0) y'_2(t_0) - y'_1(t_0) y_2(t_0) \tag{3.9}$$

で与えられる。

まとめると，ロンスキアン $W(y_1, y_2)(t_0) \neq 0$ であれば，$y = c_1 y_1 + c_2 y_2$ が初期値問題の解となるような定数 c_1 と c_2 が存在することがわかる。

以上の準備によって，次の定理 3.3 を得る。

定理 3.3（一般解） y_1 と y_2 が，微分方程式 (3.4) の解であり，ある点 $t=t_0$ において $W(y_1,y_2)(t_0) \neq 0$ であるとする。このとき

$$y = c_1 y_1(t) + c_2 y_2(t) \tag{3.10}$$

は，式 (3.4) の任意の解を表現している。

証明 ϕ が式 (3.4) の任意の解であるとする。示すべきことは，ϕ が $c_1 y_1 + c_2 y_2$ で表現できることである。

まず，ロンスキアンが 0 にならない適当な点 t_0 をとる。y_0 と y_0' を，ϕ と ϕ' の t_0 における値 $y_0 = \phi(t_0)$，$y_0' = \phi'(t_0)$ とする。

次に，この点 y_0 と y_0' を通る式 (3.4) の解を見つける。つまり，初期値問題

$$y'' + p(t)y' + q(t)y = 0, \qquad y(t_0) = y_0, \qquad y'(t_0) = y_0' \tag{3.11}$$

を解く。t_0 におけるロンスキアンは 0 ではないので，ある c_1 と c_2 が存在して，その解は $c_1 y_1 + c_2 y_2$ と表現できることはすでに考察した。しかしながら，仮定より ϕ もこの初期値問題の解である。したがって，定理 3.1 で示した一意性より，これらの解は一致し，任意の解が

$$\phi(t) = c_1 y_1(t) + c_2 y_2(t) \tag{3.12}$$

で表現できることが示せた。 □

この y_1 および y_2 のことを，**基本解**と呼ぶ。上の議論をまとめると，以下のとおりである。

---
2 階斉次線形常微分方程式の一般解

2 階斉次線形常微分方程式の一般解は，ロンスキアンが 0 ではない 2 個の**基本解** y_1, y_2 の線形結合

$$y = c_1 y_1 + c_2 y_2 \tag{3.13}$$

で与えられる。

3.3 基本解の 1 次独立性

前節でわかったことは，2 階斉次線形常微分方程式を解くということは，二つの基本解を見つければよい，ということである。基本解は，ある点 $t=t_0$ におけるロンスキアンが 0 でないような関数であった。ここでは，ロンスキアンと関数の「1 次独立性」との関係を調べよう。

3. 2階斉次線形常微分方程式

1次従属, 1次独立

関数 y_1 と y_2 が **1次従属** (linearly dependent) であるとは

$$k_1 y_1 + k_2 y_2 = 0 \tag{3.14}$$

となるような, 0 ではない k_1, k_2 が存在することをいう。そうでない場合, つまり, $k_1 = k_2 = 0$ のときのみすべての t に対して式 (3.14) が成り立つとき, y_1 と y_2 は **1次独立** (linearly independent) であるという。

---

2 関数の場合は, 次のような解釈も成り立つ。

1次独立（2 関数の場合）

関数 y_1, y_2 が 1 次独立であるとは, 任意の t に対して

$$\frac{y_1}{y_2} \neq 定数 \tag{3.15}$$

となることである。逆に

$$\frac{y_1}{y_2} = 定数 \tag{3.16}$$

のとき, **1次従属** であるという。

例 3.1 a を定数としたとき, $y_1 = \cos at$ と $y_2 = \sin at$ は 1 次独立である。

例 3.2 $y_1 = te^t$ と $y_2 = e^t$ は $\dfrac{y_1}{y_2} = \dfrac{te^t}{e^t} = t \neq 定数$ より, 1 次独立である。

例 3.3 $y_1 = 2t^2 + 2$ と $y_2 = t^2 + 1$ は $\dfrac{y_1}{y_2} = \dfrac{2t^2 + 2}{t^2 + 1} = 2 = 定数$ より, 1 次従属である。

ロンスキアンと 1 次独立性の間には次の関係がある。

定理 3.4 (ロンスキアンと 1 次独立性) ある t_0 で, $W(y_1, y_2)(t_0) \neq 0$ であれば, y_1 と y_2 は 1 次独立である。y_1 と y_2 が 1 次従属であれば, すべての t で $W(y_1, y_2)(t) = 0$ となる。

証明 $k_1 y_1 + k_2 y_2 = 0$ となる場合を考える。$t = t_0$ においては

$$k_1 y_1(t_0) + k_2 y_2(t_0) = 0 \tag{3.17}$$

$$k_1 y_1'(t_0) + k_2 y_2'(t_0) = 0 \tag{3.18}$$

が成り立つ．この連立方程式は，$W(y_1, y_2)(t_0) \neq 0$ であれば $k_1 = k_2 = 0$ であるから，1 次独立性を示せた．後半は，この命題の対偶に過ぎない． □

詳細は割愛するが，以下の四つの命題は等価であることを示すことができる．

1. y_1 と y_2 は，基本解
2. y_1 と y_2 は，1 次独立
3. ある t_0 に対して $W(y_1, y_2)(t_0) \neq 0$
4. すべての t に対して $W(y_1, y_2)(t) \neq 0$

つまり，基本解を求めるには，<u>1 次独立な y_1 と y_2 を見つければよい</u>ということがわかる．

3.4　定数係数の 2 階斉次線形常微分方程式

p, q を定数とする．ここからは，次の形の微分方程式

$$y'' + py' + qy = 0 \tag{3.19}$$

の一般解を求めていく．

それでは，式 (3.19) の解を求めよう．1 階斉次線形常微分方程式 $y' + ay = 0$ の解が $y = ce^{-at}$ で与えられたことを思い出し，多少天下り的ではあるが，解を $y = e^{\lambda t}$ と仮定して式 (3.19) に代入してみよう．

$y' = \lambda e^{\lambda t}$，$y'' = \lambda^2 e^{\lambda t}$ であるから，式 (3.19) より

$$\lambda^2 + p\lambda + q = 0 \tag{3.20}$$

を得る．この方程式のことを**特性方程式**（characteristic equation）と呼ぶ．特性方程式の根（root）には，次の 3 通りがあることに注意する．

1. 異なる二つの実数根
2. 重根
3. 異なる二つの複素数根

以下，それぞれの場合について検討しよう．

（a）異なる二つの実数根をもつ場合　二つの実数根を

$$\lambda_1 = \frac{-p + \sqrt{p^2 - 4q}}{2}, \quad \lambda_2 = \frac{-p - \sqrt{p^2 - 4q}}{2}$$

とする．このとき，$y_1 = e^{\lambda_1 t}$ および $y_2 = e^{\lambda_2 t}$ はともに微分方程式 (3.19) の解であること，

またそれぞれが1次独立であることが容易に確かめられる。したがって、これらは微分方程式の基本解であり、式 (3.13) より一般解は

$$y = c_1 e^{\lambda_1 t} + c_2 e^{\lambda_2 t} \tag{3.21}$$

で与えられる。

(b) 重根をもつ場合 この場合は、根は一つのみ $\lambda = -\dfrac{p}{2}$ である。これからわかる基本解の一つは $y_1(t) = e^{\lambda t}$ である。しかし、1次独立な解をもう一つ探さないといけない。そこで、定数変化法でこれを求めてみよう。任意定数をつけた $y = ce^{\lambda t}$ は、式 (3.19) の解であるが、ここで、任意定数 c を変数 $c(t)$ に変えてみる。そうすると、$y' = (c' + \lambda c)e^{\lambda t}$、また $y'' = (c'' + 2\lambda c' + \lambda^2 c)e^{\lambda t}$ を得る。これを式 (3.19) に代入してまとめると

$$\{c'' + (2\lambda + p)c' + (\lambda^2 + p\lambda + q)c\}e^{\lambda t} = 0 \tag{3.22}$$

を得る。$e^{\lambda t} \neq 0$ であることと、根が $\lambda = -\dfrac{p}{2}$ であること[†]、また特性方程式 (3.20) そのものを代入して、$c'' = 0$ を得る。したがって、$c' = c_1$ (c_1：定数)、$c = c_1 t + c_2$ (c_2：定数) である。以上から

$$y = (c_1 t + c_2)e^{\lambda t} = c_1 t e^{\lambda t} + c_2 e^{\lambda t} \tag{3.23}$$

ここで、$e^{\lambda t}$ は、重根による基本解の一つであった。また、$\dfrac{te^{\lambda t}}{e^{\lambda t}} = t$ であり、定数ではない。したがって、$te^{\lambda t}$ と $e^{\lambda t}$ は、1次独立な基本解である。

(c) 異なる二つの複素数根をもつ場合 最もややこしい場合である。$p^2 - 4q < 0$ であるから、根は

$$\lambda_1 = \frac{-p + i\sqrt{4q - p^2}}{2}, \qquad \lambda_2 = \frac{-p - i\sqrt{4q - p^2}}{2}$$

である。ここで簡単のため、実数 α, β を用いて、二つの根を $\alpha \pm i\beta$ と表しておく。

解空間 (解の存在する範囲) が複素数集合であれば

$$y = c_1 e^{(\alpha + i\beta)t} + c_2 e^{(\alpha - i\beta)t} \tag{3.24}$$

を一般解としてもかまわない。しかし、本書では実数関数の微分方程式のみを扱うため、実数の関数となる解を見つけることとする。

このときおおいに役に立つのが**オイラーの公式** (Eular's equation) である。オイラーの公式については付録 A.3 に詳しくまとめてある。特に、オイラーの公式 (1)

$$e^{it} = \cos t + i \sin t \tag{3.25}$$

$$e^{-it} = \cos t - i \sin t \tag{3.26}$$

[†] これは特性方程式の根と係数の関係からただちに得られる。

を用いると，式 (3.24) は次のように変形できる．

$$\begin{aligned} y &= e^{\alpha t}(c_1 e^{i\beta t} + c_2 e^{-i\beta t}) \\ &= e^{\alpha t}\{c_1(\cos\beta t + i\sin\beta t) + c_2(\cos\beta t - i\sin\beta t)\} \\ &= e^{\alpha t}\{(c_1 + c_2)\cos\beta t + i(c_1 - c_2)\sin\beta t\} \end{aligned} \tag{3.27}$$

ここで，y が実数の関数になるには，$c_1 + c_2$ と $i(c_1 - c_2)$ が実数となるように c_1 と c_2 を選べばよい．この条件を満たす c_1 と c_2 は共役の関係にある．そこで，実数の定数 d_1, d_2 を使って，$c_1 = \dfrac{d_1 - id_2}{2}, c_2 = \dfrac{d_1 + id_2}{2}$ とおこう．すると，式 (3.27) は

$$y = e^{\alpha t}(d_1\cos\beta t + d_2\sin\beta t) = d_1 e^{\alpha t}\cos\beta t + d_2 e^{\alpha t}\sin\beta t$$

となり，実数の範囲での一般解を得られる．

以上の議論をまとめよう．基本解は，特性方程式 $\lambda^2 + p\lambda + q = 0$ を解くことによって次のように求められる．

定理 3.5 （定数係数 2 階斉次線形常微分方程式の一般解） 特性方程式 $\lambda^2 + p\lambda + q = 0$ の根を λ とする．このとき，微分方程式の一般解 $y(t)$ は，特性方程式が

1. 異なる 2 実数根 $\lambda = \lambda_1, \lambda_2$ をもつとき

$$y = c_1 e^{\lambda_1 t} + c_2 e^{\lambda_2 t}$$

2. 重根 $\lambda = \mu$ をもつとき

$$y = c_1 e^{\mu t} + c_2 t e^{\mu t}$$

3. 異なる 2 複素数根 $\lambda = \alpha \pm i\beta$ をもつとき

$$y = c_1 e^{\alpha t}\cos\beta t + c_2 e^{\alpha t}\sin\beta t$$

となる．

この公式を導出する過程をきちんと理解しておくことが望ましい．また，定理 3.5 に示した公式では**実数の範囲**で基本解を見つけていることに注意されたい．

例 3.4 $y'' + 3y' + 2y = 0$ の特性方程式は $\lambda^2 + 3\lambda + 2 = 0$ であり，その根は $\lambda = -2, -1$ である．したがって，この微分方程式の基本解は e^{-2t}，e^{-t} であり，一般解は $y = c_1 e^{-2t} + c_2 e^{-t}$ である．

例 3.5 $y'' + 4y' + 4y = 0$ の特性方程式は $\lambda^2 + 4\lambda + 4 = 0$ であり，その根は $\lambda = -2$ （重根）である。したがって，この微分方程式の基本解は e^{-2t}, te^{-2t} であり，一般解は $y = c_1 e^{-2t} + c_2 t e^{-2t}$ である。

例 3.6 $y'' + 2y' + 4y = 0$ の特性方程式は $\lambda^2 + 2\lambda + 4 = 0$ であり，その根は $\lambda = -1 \pm i\sqrt{3}$ である。したがって，この微分方程式の基本解は $e^{-t}\cos\sqrt{3}t$, $e^{-t}\sin\sqrt{3}t$ であり，一般解は $y = c_1 e^{-t}\cos\sqrt{3}t + c_2 e^{-t}\sin\sqrt{3}t$ である。

例題 3.1 以下の微分方程式の一般解をそれぞれ求めなさい。

1. $y'' + 5y' + 6y = 0$
2. $y'' + 2y' + 2y = 0$
3. $y'' + 2y' + y = 0$

【解答】

1. 特性方程式は ① であり，その根は $\lambda = $ ② なので，一般解は $y(t) = $ ③ である。

2. 特性方程式は ④ であり，その根は $\lambda = $ ⑤ なので，一般解は $y(t) = $ ⑥ である。

3. 特性方程式は ⑦ であり，その根は $\lambda = $ ⑧ なので，一般解は $y(t) = $ ⑨ である。

◇

式 (3.19) で，$p = 0$ のときを**標準形**（canonical form）と呼ぶ。

―**2階斉次線形常微分方程式の標準形**―

$y'' + qy = 0$ の形で与えられる微分方程式を標準形微分方程式という。

この一般解は次のように導くことができる。標準形の特性方程式は $\lambda^2 + q = 0$ である。

1. $q > 0$ の場合，$q = \omega^2$ とおくと特性方程式の根は $\lambda = \pm i\omega$ なので，一般解

$$y = c_1 \cos \omega t + c_2 \sin \omega t$$

を得る。特に，$a = \sqrt{c_1^2 + c_2^2}$，また，θ を $\tan \theta = -\dfrac{c_2}{c_1}$ となるようにとると

$$y = a \cos(\omega t + \theta)$$

なる表現が得られる。ここで，a は振幅，θ は位相と呼ばれる物理量である。

2. $q < 0$ の場合，$q = -\omega^2$ とおくと特性方程式の根は $\lambda = \pm \omega$ なので，一般解

$$y = c_1 e^{\omega t} + c_2 e^{-\omega t}$$

を得る。

2階斉次線形常微分方程式の応用で，最もなじみの深いものは単振動（harmonic oscillator）であろう（図 **3.1**）。

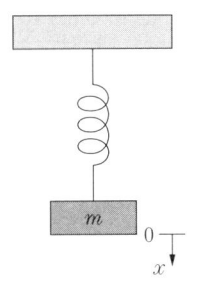

図 **3.1** ばねによる単振動

例 3.7 1章で扱った単振動の例 1.8 を再び考えよう。これを変形すると

$$\frac{d^2 x}{dt^2} + \frac{k}{m} x = 0 \tag{3.28}$$

だから，これは標準形で $q = \dfrac{k}{m}$ のときである。

その一般解は

$$x = C_1 \cos \sqrt{\frac{k}{m}} t + C_2 \sin \sqrt{\frac{k}{m}} t \tag{3.29}$$

となる。

例題 3.2 例 3.7 で，$t=0$ において x_0 だけ引っ張った位置から手を離した場合の $x(t)$（初期値問題の解）を求めよ．

【解答】 初期条件は $x(0) = \boxed{①}$，$v(0) = x'(0) = \boxed{②}$ である．したがって

$$C_1 = \boxed{③}, \quad C_2 = \boxed{④}$$

となり，解

$$x = \boxed{⑤}$$

を得る． ◇

例 3.8 1 章で学習した例 1.9 を再び考えよう。これは抵抗を考慮した現実的なばねの運動方程式であり，式 (1.14) で与えられるのであった。式 (1.14) は，弾性力 $-kx$ だけでなく，速度に比例する抵抗力 $-bx'$ を考えた現実的な微分方程式であり

$$m\frac{d^2x}{dt^2} = -kx - b\frac{dx}{dt} \tag{3.30}$$

と表現できた。

これは図 3.2 で表現されるようなモデルであり，速度に比例する抵抗力は，ダンパ（damper）という装置に対応する。式 (3.30) で，$k = m\omega_0^2$, $b = 2ma\omega_0$ とおくと

$$\frac{d^2x}{dt^2} + 2a\omega_0 \frac{dx}{dt} + \omega_0^2 x = 0 \tag{3.31}$$

となる。この微分方程式で表現する運動や現象は，**減衰振動モデル**（damped oscillation model）と呼ばれている。また，ω_0 は固有角周波数（振動数）(resonant angular frequency)，a は減衰定数（damping ratio）と呼ばれる。

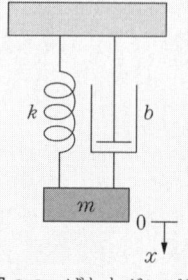

図 3.2 ばねとダンパによる減衰振動モデル

特性方程式は $\lambda^2 + 2a\omega_0\lambda + \omega_0^2 = 0$ なので，a の大きさによって，根の種類と数が以下のように決まってくる．

1. $a > 1$ のとき，特性方程式の根は $\lambda = -\omega_0\left(a \pm \sqrt{a^2 - 1}\right)$ である．この二つの根を λ_1, λ_2 とおくと，一般解は

$$x = c_1 e^{\lambda_1 t} + c_2 e^{\lambda_2 t} \tag{3.32}$$

であるが，ここで $\lambda_1, \lambda_2 < 0$ が成り立つことに注意する．つまり，x は時間が経つと減衰する．この現象を過減衰（overdamping）という．

2. $a = 1$ のとき，$\lambda = -\omega_0$ なので，一般解は

$$x = (c_1 + c_2 t)e^{-\omega_0 t} \tag{3.33}$$

である．これを臨界減衰（critical damping）という．

3. $0 \leq a < 1$ のとき，特性方程式の根は $\lambda = -a\omega_0 \pm i\omega_0\sqrt{1 - a^2}$ であるため，一般解は

$$x = e^{-a\omega_0 t}\left(c_1 \cos\omega_d t + c_2 \sin\omega_d t\right) \tag{3.34}$$

となる．ここで，$\omega_d = \omega_0\sqrt{1 - a^2}$ は減衰固有角振動数と呼ばれる量である．この場合を特に減衰振動（damping）と呼んでいる．

例題 3.3 減衰振動モデルの初期値問題

$$x'' + 2a\omega_0 x' + \omega_0^2 x = 0, \quad x(0) = x_0, \quad x'(0) = v_0$$

の解を求めなさい．ただし，$0 \leq a < 1$ とする．

【解答】 このときは減衰振動なので，一般解は式 (3.34) で与えられる．初期条件より

$$x(0) = \boxed{c_1}^{①} = x_0, \quad x'(0) = \boxed{-a\omega_0 c_1 + \omega_d c_2}^{②} = v_0$$

である．これを解くと

$$c_1 = \boxed{x_0}^{③}, \quad c_2 = \boxed{\dfrac{v_0 + a\omega_0 x_0}{\omega_d}}^{④}$$

である． ◇

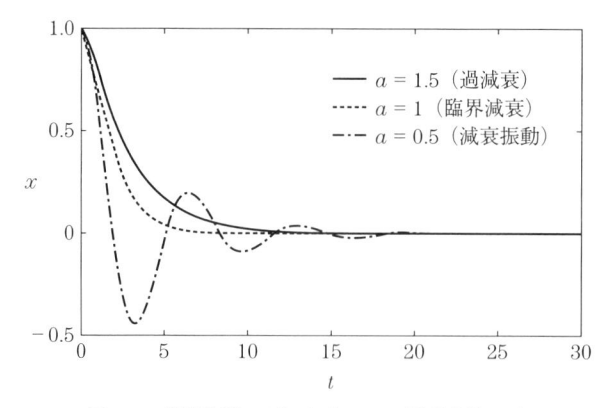

図 3.3 減衰振動モデルにおいて，減衰定数 a を変化させたときの解 x の挙動

例題 3.3 と同様の初期条件で，$a > 1$（過減衰），$a = 1$（臨界減衰），$0 \leq a < 1$（減衰振動）の三つの場合における解 x を図示したものが図 **3.3** である。

例 3.9 図 **3.4** に示す，無電源 RLC 直列回路について考察しよう。回路のすべての素子には，同じ電流 $i(t)$ が流れる。いま，図 3.4 のように，コンデンサ両端の電位差を $v(t)$ とすると，電磁気学によれば

$$i(t) = C\frac{dv}{dt} \tag{3.35}$$

である。さらに，コイルの電位差は

$$v_L(t) = L\frac{di}{dt} \tag{3.36}$$

である。また，オームの法則によれば，抵抗の電位差は Ri なので，キルヒホッフの電圧則（閉路での電圧総和は 0 になる）を用いれば

$$Ri(t) + v_L(t) + v(t) = 0$$

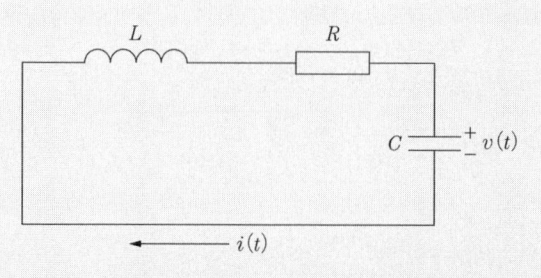

コンデンサ両端の電位差を $v(t)$ と表示している。

図 3.4 無電源 RLC 直列回路

が成り立つ．ここに，式 (3.35) と式 (3.36) を代入すれば抵抗電圧 $v(t)$ についての回路方程式

$$v''(t) + \frac{R}{L}v'(t) + \frac{1}{LC}v(t) = 0$$

を得る．これはまさしく減衰振動モデルであり，固有角周波数 $\omega_0 = \dfrac{1}{\sqrt{LC}}$，減衰定数 $a = \dfrac{R}{2\omega_0 L}$ となる．

3.5 変数係数の2階斉次線形常微分方程式

ここでは，係数 p, q が変数の場合

$$y'' + p(t)y' + q(t)y = 0 \tag{3.37}$$

の解法を学ぶ．

係数が変数になるだけで，問題はとたんに難しくなるが，定数係数の場合と同様に，なすべきことは，1次独立の解の組 (基本解) を見つけることである．ここでは，次の解法を紹介する．

- オイラーの方程式
- 定数変化法 (基本解が一つわかっている場合)
- べき級数法

三つのうち後に述べたものほど一般的である．べき級数法は，解析学におけるべき級数の知識を必要とするので，項を改め，3.5.3 項で扱うことにする．

3.5.1 オイラーの方程式

次の特別な場合は，解法が確立している．

―― オイラーの方程式 ――――――――――――――――――

α と β を実数の定数とする．$t > 0$ に対して

$$t^2 y'' + \alpha t y' + \beta y = 0 \tag{3.38}$$

の形をもつ微分方程式を，**オイラーの方程式**（Euler's equation）と呼ぶ．

3. 2階斉次線形常微分方程式

≪オイラーの方程式の解法≫
変数変換 $x = \log t$ により，定数変数の 2 階線形常微分方程式に変形できる。

変数変換により，y は t の関数 $y(t)$ であるとともに，x の関数 $y(x)$ とみなすこともできる。そこで，$\dfrac{dy}{dt}$ および $\dfrac{d^2y}{dt^2}$ を計算する。合成関数の微分法により

$$\frac{dy}{dt} = \frac{dy}{dx}\frac{dx}{dt} = \frac{1}{t}\frac{dy}{dx} \tag{3.39}$$

また

$$\frac{d^2y}{dt^2} = \frac{d}{dt}\frac{dy}{dt} = \frac{d}{dt}\left(\frac{1}{t}\frac{dy}{dx}\right) = -\frac{1}{t^2}\frac{dy}{dx} + \frac{1}{t}\frac{d}{dx}\frac{dy}{dx}\frac{dx}{dt} = \frac{1}{t^2}\left(\frac{d^2y}{dx^2} - \frac{dy}{dx}\right) \tag{3.40}$$

であるから，式 (3.38) は

$$\frac{d^2y}{dx^2} + (\alpha - 1)\frac{dy}{dx} + \beta y = 0 \tag{3.41}$$

と変形される。

例 3.10 微分方程式

$$t^2 y'' - 2y = 0, \quad t > 0 \tag{3.42}$$

は，$\alpha = 0$，$\beta = -2$ のときのオイラーの方程式なので，変数変換 $x = \log t$ より

$$\frac{d^2y}{dx^2} - \frac{dy}{dx} - 2y = 0 \tag{3.43}$$

に変形できる。特性方程式 $\lambda^2 - \lambda - 2 = 0$ の根は，$\lambda = -1, 2$ なので，$y(x) = c_1 e^{-x} + c_2 e^{2x}$ となり，$y = c_1 e^{-\log t} + c_2 e^{2\log t} = c_1 t^{-1} + c_2 t^2$ を得る。

例題 3.4 $t > 0$ のときに，$t^2 y'' - 2ty' + 2y = 0$ の一般解を求めなさい。

【解答】この方程式は，$\alpha = \boxed{①}$，$\beta = \boxed{②}$ の場合のオイラーの方程式であるから，変数変換 $x = \log t$ によって

$$\boxed{③} = 0$$

に変換できる。この一般解は $y(x) =$ ④ であるので，$y =$ ⑤ を得る。 ◇

3.5.2 定数変化法

解の一つ y_1 がわかっている場合，定数変化法により比較的簡単にもう一つの解 y_2 を求めることができる。

≪定数変化法≫

求めるべき解を，既知の解 y_1 と，ある t の関数 z の積

$$y(t) = y_1(t)z(t) \tag{3.44}$$

と仮定し，方程式を満たす $z(t)$ を求める。

例 3.11 $y'' - \dfrac{2}{t}y' + \dfrac{2}{t^2}y = 0$ の解の一つが $y_1 = t$ であることがわかっている場合，もう一つの解を $y = tz$ とおいて，z を求める。$y' = z + tz'$, $y'' = z' + z' + tz'' = 2z' + tz''$ であるから，これらを微分方程式に代入すると

$$t^2(2z' + tz'') - 2t(z + tz') + 2tz = 0$$

より，$t^3 z'' = 0$ を得る。$t \neq 0$ であるから，$z'' = 0$ を得て，$z = c_1 t + c_2$ となる。したがってもう一つの解は

$$y = tz = c_1 t^2 + c_2 t$$

と求められる。ここで，t^2 と t は 1 次独立であることがいえるので，基本解となっており，この y は一般解である。

例題 3.5 $t^2 y'' + 3ty' + y = 0$ $(t > 0)$ の解の一つが $y_1 = t^{-1}$ であることがわかっている場合，y の一般解を求めなさい。

3. 2階斉次線形常微分方程式

【解答】 $y = $ ①[   ] とおいて z を求める。

$y' = $ ②[   ]

$y'' = $ ③[   ]

であるから，これらを微分方程式に代入すると

④[   ] $= 0$

より，⑤[   ] $= 0$ を得る。$t \neq 0$ であるから，

$z' = $ ⑥[   ] を得て，$z = $ ⑦[   ] となる。

したがって

$y = $ ⑧[   ]

を得る。ここで，t^{-1} と ⑨[   ] は1次独立であることがいえるので，基本解となっており，この y は一般解である。 ◇

3.5.3 べき級数法*

変数係数をもつ微分方程式などでは，明示的に解を求めることが困難な場合がある。そのようなとき，次数が無限大の多項式である**べき級数**（power series）で解を表現する方法が，べき級数法である。

べき級数

ある点 $t = t_0$ が存在して，$|t - t_0| < R$ の範囲では関数 y が $t - t_0$ のべき級数

$$y = \sum_{n=0}^{\infty} a_n (t - t_0)^n \tag{3.45}$$

で表されるとき，y は $t = t_0$ で解析的であるといい，y を**解析関数**（analytic function）と呼ぶ。さらに，R を**収束半径**（radius of convergence）と呼ぶ。

例 3.12 e^t はすべての点で解析的であり，その 0 を中心とするべき級数は

$$e^t = \sum_{n=0}^{\infty} \frac{t^n}{n!} \tag{3.46}$$

である。

例 3.13 $\cos t$ と $\sin t$ はすべての点で解析的であり，その 0 を中心とするべき級数はそれぞれ

$$\cos t = \sum_{n=0}^{\infty} (-1)^n \frac{t^{2n}}{(2n)!}$$
$$\sin t = \sum_{n=0}^{\infty} (-1)^n \frac{t^{2n+1}}{(2n+1)!}$$

である。

例 3.14 次の級数展開

$$\frac{1}{1-t} = 1 + t + t^2 + \cdots = \sum_{n=0}^{\infty} t^n \tag{3.47}$$

が成り立つのは，$|t| < 1$ のときである。このとき，収束半径 $R = 1$ であるという。

収束半径に関しては，次のようにして求めることができる。

収束半径

収束半径は

$$R = \lim_{n \to \infty} \left| \frac{a_n}{a_{n+1}} \right| \tag{3.48}$$

で与えられる。

べき級数法は，微分方程式の解をべき級数で表そうとするものである。いったんべき級数で表されることがわかれば，なすべきことは<u>係数 a_n を求めること</u>だけとなる。

ここでは，次の微分方程式

$$y'' + p(t)y' + q(t)y = 0 \tag{3.49}$$

の解を求める。次の事実は重要である。

べき級数解の存在

式 (3.49) において，$p(t)$, $q(t)$ が $t = t_0$ で解析的であれば，その解は $t - t_0$ のべき級数で表される。

このときの解法を以下にまとめよう。

≪べき級数を用いた解法≫

1. 解を $t - t_0$ のべき級数

$$y = \sum_{n=0}^{\infty} a_n(t - t_0)^n$$
$$= a_0 + a_1(t - t_0) + a_2(t - t_0)^2 + a_3(t - t_0)^3 + \cdots$$

とおき，その1階微分と2階微分を求める。

$$y' = a_1 + 2a_2(t - t_0) + 3a_3(t - t_0)^2 + 4a_4(t - t_0)^3 + \cdots$$
$$= \sum_{n=0}^{\infty} (n+1)a_{n+1}(t - t_0)^n$$
$$y'' = 2a_2 + 6a_3(t - t_0) + 12a_4(t - t_0)^2 + 20a_5(t - t_0)^3 + \cdots$$
$$= \sum_{n=0}^{\infty} (n+1)(n+2)a_{n+2}(t - t_0)^n$$

2. もとの微分方程式に代入し，$(t - t_0)^n$ の項を比較することで，a_n に関する漸化式を求める。
3. この漸化式を解くことで，a_n を求める。じつは，a_0 と a_1 を初項とする二つの数列が得られる。

例 3.15 $y'' - 2ty' + 2y = 0$ を $t = 0$ を中心とするべき級数を用いて解いてみよう。

まず，$-2t$ と 2 は，明らかに $t = 0$ で解析的である。そこで，級数解を

$$y = \sum_{n=0}^{\infty} a_n t^n$$

とおくと

$$y' = \sum_{n=1}^{\infty} na_n t^{n-1}, \qquad y'' = \sum_{n=2}^{\infty} n(n-1)a_n t^{n-2}$$

である。これらを微分方程式に代入すると

$$y'' - 2ty' + 2y = \sum_{n=2}^{\infty} n(n-1)a_n t^{n-2} - 2t\sum_{n=1}^{\infty} na_n t^{n-1} + 2\sum_{n=0}^{\infty} a_n t^n$$
$$= \sum_{n=0}^{\infty} \{(n+2)(n+1)a_{n+2} - 2(n-1)a_n\}t^n$$
$$= 0$$

である。これより，$n = 0, 1, \ldots$ に対して

$$a_{n+2} = \frac{2(n-1)}{(n+2)(n+1)}a_n$$

という関係を得る。順番に a_n を求めてみよう。

$$a_2 = \frac{2 \cdot (-1)}{2 \cdot 1}a_0, \qquad a_3 = \frac{2 \cdot 0}{3 \cdot 2}a_1 = 0, \qquad a_4 = \frac{2 \cdot 1}{4 \cdot 3}a_2 = \frac{2^2 \cdot 1 \cdot (-1)}{4!}a_0,$$
$$a_5 = 0, \qquad a_6 = \frac{2 \cdot 3}{6 \cdot 5}a_4 = \frac{2^3 \cdot 3 \cdot 1 \cdot (-1)}{6!}a_0, \qquad a_7 = 0$$

したがって，$k = 1, 2, \ldots$ に対して

$$a_{2k} = \frac{2^k \cdot (-1) \cdot 1 \cdot 3 \cdots (2k-3)}{(2k)!} = -\frac{1}{(2k-1)k!}a_0$$

$$a_{2k+1} = 0$$

である。これより

$$y = a_0 \sum_{k=1}^{\infty} \left(1 - \frac{t^{2k}}{(2k-1)k!}\right) + a_1 t$$

を得る。ここで，$\sum_{k=1}^{\infty} \left(1 - \frac{t^{2k}}{(2k-1)k!}\right)$ と t は1次独立なので，この解は a_0 と a_1 を任意定数とする一般解である。

例 3.16 次に示す方程式

$$(1-t^2)y'' - 2ty' + \alpha(\alpha+1) = 0$$

は，ルジャンドル方程式と呼ばれ，物理学や工学の分野で重要である。$|t| \neq 1$ のとき，

この方程式は

$$y'' - \frac{2t}{1-t^2}y' + \frac{\alpha(\alpha+1)}{1-t^2}y = 0$$

と表すことができ，$|t| < 1$ なる t に対しては

$$p(t) = -\frac{2t}{1-t^2} = \sum_{n=0}^{\infty}(-2)t^{2n+1}$$

$$q(t) = \frac{\alpha(\alpha+1)}{1-t^2} = \sum_{n=0}^{\infty}\alpha(\alpha+1)t^{2n}$$

と表現できる。したがって，$p(t)$ と $q(t)$ は $t=0$ で解析的である。また，収束半径は 1 である。

したがって，ルジャンドル方程式は $t=0$ を中心とするべき級数で解くことができて，その解を

$$y = a_0 y_1 + a_1 y_2$$

とおくと，1 次独立な基本解は

$$y_1 = 1 + \sum_{m=1}^{\infty}(-1)^m \frac{(\alpha+2m-1)\cdots(\alpha+1)\alpha\cdots(\alpha-2m+2)}{(2m)!}t^{2m}$$

$$y_2 = t + \sum_{m=1}^{\infty}(-1)^m \frac{(\alpha+2m)\cdots(\alpha+2)(\alpha-1)\cdots(\alpha-2m+1)}{(2m+1)!}t^{2m+1}$$

であることを示すことができる。

例題 3.6 微分方程式 $y'' - ty = 0$ を，$t=0$ を中心とするべき級数を用いて解きなさい。

【解答】 べき級数を $y = \sum_{n=0}^{\infty}$ ①⬜ とおくと

$$y' = \sum_{n=0}^{\infty} ②⬜$$

$$y'' = \sum_{n=0}^{\infty} ③⬜$$

これを微分方程式に代入することで

$$\sum_{n=0}^{\infty}\left\{ ④⬜ \right\} = 0$$

3.5 変数係数の2階斉次線形常微分方程式　61

を得る。t^n の項をくくり出して書き直すと

$$2a_2 + \sum_{n=1}^{\infty}\left\{ \boxed{⑤} \right\}t^n = 0$$

この両辺を比較することで，$2a_2 = 0$ および $a_{n+2} = \boxed{⑥} a_{n-1}$ を得る。これから順番に項を求めてみよう。

$$a_2 = \boxed{⑦}, \quad a_3 = \boxed{⑧}, \quad a_4 = \boxed{⑨},$$

$$a_5 = \boxed{⑩}, \quad a_6 = \boxed{⑪}, \quad a_7 = \boxed{⑫},$$

$$a_8 = \boxed{⑬}, \cdots$$

よって

$$a_{3n} = \frac{\prod_{k=0}^{n-1}\left(\boxed{⑭}\right)}{\left(\boxed{⑮}\right)!}a_0, \quad a_{3n+1} = \frac{\prod_{k=0}^{n-1}\left(\boxed{⑯}\right)}{\left(\boxed{⑰}\right)!}a_1,$$

$$a_{3n+2} = \boxed{⑱}$$

したがって

$$y = a_0\left\{1 + \sum_{n=1}^{\infty}\frac{\boxed{⑲}}{\boxed{⑳}}t^{3n}\right\}$$

$$+ a_1\left\{t + \sum_{n=1}^{\infty}\frac{\boxed{㉑}}{\boxed{㉒}}t^{3n+1}\right\}$$

ここで，a_0 と a_1 は任意定数である。　　　　　　　　　　　　　　　　　　◇

このほかにべき級数法には，確定特異点を用いた方法が知られているが，本書ではこれ以上立ち入らないことにする。

章 末 問 題

【1】 特性方程式の解が
  (1) 異なる二つの実数根
  (2) 重根
  (3) 異なる二つの複素数根
をもついずれの場合も，基本解は 1 次独立であることを，ロンスキアンを用いて示しなさい．

【2】 次の微分方程式の一般解を求めなさい．
  (1) $y'' + 3y' + 2y = 0$
  (2) $y'' + 4y' + 4y = 0$
  (3) $y'' + 2y' + 5y = 0$

【3】 例 3.8 で，$t = 0$ で $x_0 = 1$ だけ引っ張って離したとする．
  (1) 初期条件を示しなさい．
  (2) 次の場合の解を求めなさい．
    (a) $a = 1, \quad \omega_0 = 1$
    (b) $a = \dfrac{2}{\sqrt{3}}, \quad \omega_0 = \sqrt{3}$
    (c) $a = \dfrac{1}{\sqrt{3}}, \quad \omega_0 = \sqrt{3}$

【4】 微分方程式 $t^2 y'' + 7ty' + 5y = 0 \ (t > 0)$ の一般解を求めなさい．

【5】 括弧内が一つの基本解であることを示し，一般解を求めなさい．
  (1) $(t-1)y'' - ty' + y = 0, \quad t > 1, \quad [y_1 = e^t]$
  (2) $y'' - 2(t + t^{-1})y' + (1 + t^2)y = 0, \quad y > 0, \quad [y_1 = e^{\frac{1}{2}t^2}]$

【6】 例題 3.6 の微分方程式

$$y'' - ty = 0$$

を，$t = 1$ におけるべき級数法で解きなさい．

【7】 単振動の微分方程式

$$y'' + y = 0$$

を，$t = 0$ におけるべき級数法で解きなさい．

4 2階非斉次線形常微分方程式

いよいよ,本書が最も大きな目標とする2階非斉次線形常微分方程式の一般解を求める準備が整った。この微分方程式は,工学・物理学の基礎的な方程式となっている。例えば振動解析や電気回路解析とは,実際の現象を非斉次方程式で記述して,それを解くことにほかならない。

4.1 非斉次方程式の一般解

まず微分方程式の線形性について述べる。非斉次方程式

$$y'' + py' + qy = f(t) \tag{4.1}$$

は,次に示す性質を満たす。これを微分方程式の線形性と呼ぶ。

線形性

$y(t)$ に関する非斉次方程式を $L[y(t)] = f(t)$ と書く。このとき,関数 y_1 と y_2 とスカラ a, b に対して

$$L[ay_1 + by_2] = aL[y_1] + bL[y_2]$$

なる関係があるとき,L は**線形**(linear)であるという。

線形性(linearity)を使うと,**重ねあわせの理**(principle of superposition)と呼ばれる重要な関係を得る。

定理 4.1 (重ねあわせの理) 二つの非斉次方程式 $y'' + py' + qy = f_1(t)$, $y'' + py' + qy = f_2(t)$ の特殊解が,それぞれ y_{p1}, y_{p2} であるとき

$$y'' + py' + qy = f_1(t) + f_2(t) \tag{4.2}$$

の特殊解は $y_{p1} + y_{p2}$ である。

証明 $y = y_{p1} + y_{p2}$ を式 (4.2) の左辺に代入する。微分方程式の線形性より，ただちに右辺を得る。 □

この関係は，物理学や工学の根本的な原理となるものである。特に電気回路を記述する回路理論では，理論構築の基礎原理となっている。

対応する斉次方程式

$$y'' + py' + qy = 0 \tag{4.3}$$

の基本解を y_1, y_2 とすれば，非斉次方程式の一般解は必ず次の形になる。

非斉次方程式の一般解

非斉次方程式の微分方程式の一般解 y は

$$y = \text{「斉次方程式の一般解（斉次解）」}+\text{「非斉次方程式の特殊解」}$$
$$= c_1 y_1 + c_2 y_2 + y_p$$

で与えられる。ここで，$y_p(t)$ は，非斉次方程式の特殊解である。

このことは次のように理解できる。まず，微分方程式の左辺を $L[y] = y'' + py' + qy$ とおく。このとき，非斉次方程式は

$$L[y] = f(t) \tag{4.4}$$

と書ける。この等式を満たす何らかの y が存在するとき，これを y_p とおく。また，$L[y] = 0$ を満たすような任意の y が存在するのであれば，それを y_0 とおく。このとき

$$y_0 \in N(L) = \{y | L[y] = 0\} \tag{4.5}$$

と表記し，$N(L)$ は線形作用素（linear operator）L の零空間（null space）と呼ばれる。$N(L)$ からどのような関数を選んでも，$y = y_0 + y_p$ は式 (4.4) を満たすことは容易に理解できよう。

コーヒーブレイク

線形代数を学んだ読者であれば，$M < N$ に対して $M \times N$ のサイズをもつ行列 $\boldsymbol{A}$ に対して，方程式 $\boldsymbol{Ax} = \boldsymbol{b}$ を考えることができよう。これは，$\boldsymbol{x}$ の要素数に対して，方程式が少ない場合なので，$\boldsymbol{x}$ が一意に決まらない。そこで，$\boldsymbol{Ax} = \boldsymbol{b}$ を満たす何らかの $\boldsymbol{x}_p$ が存在するとき，この方程式の一般解は，$\boldsymbol{Ax} = \boldsymbol{0}$ を満たす $\boldsymbol{x}_0$ を用いて $\boldsymbol{x} = \boldsymbol{x}_0 + \boldsymbol{x}_p$ と与えられるのであった。微分方程式を与える L も，行列 $\boldsymbol{A}$ もどちらも線形であるため（線形作用素という概念で抽象化される），じつは共通の性質をもつのである。

4.2 特殊解の見つけ方

斉次方程式の一般解は 3 章で求められるようになった．したがって，最も重要なことは，どのように**特殊解**を見つけるかである．

代表的な特殊解の見つけ方には，以下の方法がある．

1. 未定係数法
2. 演算子法
3. 定数変化法

さらに，初期値問題を解く強力な方法にラプラス変換法があるが，これに関しては章を改めて 6 章で述べる．

特に未定係数法と演算子法では，非斉次項 $f(t)$ の形によって解法にパターンがある．書籍によって，$f(t)$ の分類の仕方が異なるが，本書では以下のように分類する．

- 多項式型
- 指数関数型（三角関数もこれに分類される）

三角関数が指数関数に分類される理由は，オイラーの公式による．3 章で示した式 (3.25) で与えられるオイラーの公式を変形すると

$$\cos\theta = \frac{e^{i\theta}+e^{-i\theta}}{2} \tag{4.6}$$

$$\sin\theta = \frac{e^{i\theta}-e^{-i\theta}}{i2} \tag{4.7}$$

を得る．この公式は，複素数の領域で考えると，三角関数は指数関数の和で表現できることを示している．これは大変重要な事実で，複素領域では，三角関数は指数関数の一種に過ぎないのである．

例 4.1 非斉次項が $f(t)=\cos\omega t$ であれば

$$f(t) = \cos\omega t = \frac{1}{2}(e^{i\omega t}+e^{-i\omega t}) \tag{4.8}$$

と表現できる．

それでは，このことを念頭においてから，次の 4.3 節で特殊解の求め方を学んでいこう．

4.3 未定係数法

未定係数法（method of undetermined coefficients）とは，非斉次項 $f(t)$ の形によって特

殊解の形を予想し，係数を決める方法である．$f(t)$ の種類によって求め方が異なる．

4.3.1　$f(t)$ が多項式のとき

この場合は，特殊解を

$$y_p = A_0 t^n + A_1 t^{n-1} + \cdots + A_n \tag{4.9}$$

とおいて微分方程式に代入する．その上で係数を比較して，$A_0, A_1, \cdots, A_n$ を決定する．この際，y_p の最高次数が $f(t)$ の最高次数に一致するようにしておく．

例 4.2　$y'' + 2y' + 3y = t^2$ の一般解を求めよう．まず斉次解を求める．特性方程式は $\lambda^2 + 2\lambda + 3 = 0$ なので，その根は $\lambda = -1 \pm i\sqrt{2}$ である．したがって，斉次解は $c_1 e^{-t} \cos \sqrt{2}t + c_2 e^{-t} \sin \sqrt{2}t$ である．次に，特殊解を求める．t^2 は 2 次なので，$y_p = A_0 t^2 + A_1 t + A_2$ とおき，微分方程式に代入する．$y'_p = 2A_0 t + A_1$, $y''_p = 2A_0$ なので

$$2A_0 + 2(2A_0 t + A_1) + 3(A_0 t^2 + A_1 t + A_2) = t^2$$

より

$$3A_0 t^2 + (4A_0 + 3A_1)t + 2A_0 + 2A_1 + 3A_2 = t^2$$

である．両辺を比較すると，$3A_0 = 1$, $4A_0 + 3A_1 = 0$, $2A_0 + 2A_1 + 3A_2 = 0$ である．これより，$A_0 = \dfrac{1}{3}$, $A_1 = -\dfrac{4}{9}$, $A_2 = \dfrac{2}{27}$ を得る．以上のことから

$$y(t) = c_1 e^{-t} \cos \sqrt{2}t + c_2 e^{-t} \sin \sqrt{2}t + \frac{1}{3}t^2 - \frac{4}{9}t + \frac{2}{27}$$

を得る．

例題 4.1　$y'' + 5y' + 6y = -4t^2$ の場合，特殊解を $y_p = at^2 + bt + c$ と予想して特殊解を求めなさい．

【解答】　$a = \boxed{①\ -\dfrac{2}{3}}$, $b = \boxed{②\ \dfrac{10}{9}}$, $c = \boxed{③\ -\dfrac{19}{27}}$ なので

$$y_p = \boxed{④\ -\dfrac{2}{3}t^2 + \dfrac{10}{9}t - \dfrac{19}{27}}$$

である．　　　　　　　　　　　　　　　　　　　　　　　　　　　　　　　◇

4.3.2 $f(t)$ が指数関数・三角関数のとき

微分方程式 $y'' + py' + qy = e^{\alpha t}$ の特殊解は

$$y_p = Ae^{\alpha t}$$

の形になると予想できる[†]。そこで，これを微分方程式に代入して A を決める。

例 4.3 $y'' + 5y' + 6y = 3e^{-t}$ の一般解を求めよう。

まず，特殊解は $y_p = Ae^{-t}$ の形になると予測する。$y_p' = (-1)Ae^{-t}$ および $y_p'' = (-1)^2 Ae^{-t}$ より

$$y_p'' + 5y_p' + 6y_p = \{(-1)^2 + 5(-1) + 6\}Ae^{-t}$$
$$= 3e^{-t}$$

両辺で e^{-t} は消去できて

$$A = \frac{1}{(-1)^2 + 5(-1) + 6} \cdot 3 = \frac{3}{2}$$

したがって，$y_p(t) = \dfrac{3}{2}e^{-t}$ を得る。斉次解は，特性方程式 $\lambda^2 + 5\lambda + 6 = 0$ の根 $\lambda = -2, -3$ より $y_1 = e^{-2t}, y_2 = e^{-3t}$ なので，微分方程式の一般解は

$$y = c_1 e^{-2t} + c_2 e^{-3t} + \frac{3}{2} e^{-t}$$

である。

例題 4.2 $y'' + 5y' + 6y = e^{-t}$ の一般解を求めなさい。

【解答】 特殊解を $y_p = A\boxed{①}$ とおくと，$A = \boxed{②}$ である。したがって一般解は

$$y = \boxed{③}$$

である。 $\diamondsuit$

次に，$f(t)$ が三角関数の場合を考察しよう。オイラーの公式を用いることで，次に示す定理 4.2 を示すことができる。

[†] 天下り的であるかもしれないが，何度微分しても同じ形になる関数は指数関数であることから，このように特殊解をおくことは理解できよう。

定理 4.2 ($f(t)$ が三角関数の場合)　p, q を実数とする微分方程式

$$y'' + py' + qy = \cos\omega t \tag{4.10}$$

の特殊解は

$$y'' + py' + qy = e^{i\omega t} \tag{4.11}$$

の特殊解 y_p の実部, つまり $\mathrm{Re}[y_p]$ で与えられる。ここで, $\mathrm{Re}[\cdot]$ は, 複素数の実部を与える作用素である。また

$$y'' + py' + qy = \sin\omega t \tag{4.12}$$

の特殊解は, 同様の式 (4.11) の特殊解 y_p の虚部, つまり $\mathrm{Im}[y_p]$ で与えられる。ここで, $\mathrm{Im}[\cdot]$ は, 複素数の虚部を与える作用素である。

証明　まず, 微分方程式

$$y'' + py' + qy = f(t)$$

の特殊解を y_p とすると, $y_p'' + py_p' + qy_p = f(t)$ が成り立つ。このとき, 非斉次項を $f(t)$ の共役 $\overline{f(t)}$ とした微分方程式

$$y'' + py' + qy = \overline{f(t)}$$

の特殊解はどうなるだろうか。結論を先にいうと, このときの特殊解は $\overline{y_p}$ となる。実際, $y = \overline{y_p}$ を左辺に代入すれば, $(\overline{y_p})'' + p(\overline{y_p})' + q\overline{y_p} = \overline{y_p''} + p\overline{y_p'} + q\overline{y_p} = \overline{y'' + py' + qy} = \overline{f(t)}$ がいえる[†1]。

したがって, 微分方程式の線形性から

$$y'' + py' + qy = \frac{1}{2}\{f(t) + \overline{f(t)}\}$$

の特殊解は

$$\frac{1}{2}(y_p + \overline{y_p}) = \mathrm{Re}[y_p]$$

である[†2]。$f(t) = e^{i\omega t}$ とおけば, $\frac{1}{2}\{f(t) + \overline{f(t)}\} = \cos\omega t$ なので, 式 (4.11) の特殊解の実部が式 (4.10) の特殊解を与えることを証明できる。

同様にして

$$y'' + py' + qy = \frac{1}{i2}\{f(t) - \overline{f(t)}\}$$

[†1]　複素関数 $x(t)$ に対して, $\overline{(x(t))'} = \overline{x'(t)}$ である。詳しくは関数論の成書を参考にされたい。
[†2]　複素数 $z = \alpha + i\beta$ に関して, $\frac{1}{2}(z + \overline{z}) = \frac{1}{2}(\alpha + i\beta + \alpha - i\beta) = \alpha$ である。

の特殊解は

$$\frac{1}{i2}(y_p - \overline{y_p}) = \mathrm{Im}[y_p]$$

で与えられる。したがって，式 (4.11) の特殊解の虚部が式 (4.12) の特殊解を与えることを証明できる。 □

例 4.4 微分方程式

$$y'' + 5y' + 6y = \sin t \tag{4.13}$$

の一般解を求めよう。まず

$$y'' + 5y' + 6y = e^{it} \tag{4.14}$$

の特殊解を求める。$y_p = Ae^{it}$ とおいて，未定係数法で求めよう。$y_p' = iAe^{it}$, $y_p'' = i^2 Ae^{it} = -Ae^{it}$ なので，$(-1 + i5 + 6)Ae^{it} = e^{it}$ である。したがって

$$A = \frac{1}{5(1+i)} = \frac{1-i}{10}$$

となる。このように，A は有理化しておくことが，後の計算のために大切である。したがって

$$y_p = \frac{1-i}{10}e^{it} = \frac{1}{10}(1-i)(\cos t + i\sin t)$$

である。最後の変形は，オイラーの公式そのものである。

これにより，もとの微分方程式 (4.13) の特殊解は

$$\mathrm{Im}[y_p] = \frac{1}{10}(\sin t - \cos t)$$

である。例 4.3 の結果から斉次解は $c_1 e^{-2t} + c_2 e^{-3t}$ なので，一般解は

$$y = c_1 e^{-2t} + c_2 e^{-3t} + \frac{1}{10}(\sin t - \cos t)$$

である。

例題 4.3 $y'' + 5y' + 6y = \cos 2t$ の一般解を求めなさい。

【解答】 特殊解を求めるために，オイラーの公式を用いて，上記の微分方程式の代わりに

$$y'' + 5y' + 6y = \boxed{①}$$

4. 2階非斉次線形常微分方程式

を解くことにする。特殊解を $y_p = A$ ② とおくと，有理化した形で

$$A = \boxed{③}$$

を得る。

したがって，$y'' + 5y' + 6y = \cos 2t$ の特殊解は ④ $[y_p] = $ ⑤

であり，一般解

$$y = \boxed{⑥}$$

を得る。 ◇

例 4.5 $y'' + 5y' + 6y = e^{-t}\cos 2t$ の一般解を求めよう。

$\cos 2t$ は，オイラーの公式から e^{i2t} の実部である。したがって，$e^{-t}e^{i2t} = e^{(-1+i2)t}$ より，まず微分方程式

$$y'' + 5y' + 6y = e^{(-1+i2)t}$$

の特殊解を探す。特殊解を $y_p = Ae^{(-1+i2)t}$ とおくと

$$y_p' = A(-1+i2)e^{(-1+i2)t}$$
$$y_p'' = A(-1+i2)^2 e^{(-1+i2)t} = A(-3-i4)e^{(-1+i2)t}$$

である。これより

$$y_p'' + 5y_p' + 6y_p = \{(-3-i4) + 5(-1+i2) + 6\}Ae^{(-1+i2)t}$$
$$= e^{(-1+i2)t}$$

が成り立つ。したがって，$(-2+i6)A = 1$ より

$$A = \frac{1}{-2(1-i3)} = -\frac{1+i3}{20}$$

である。以上より

$$y_p = -\frac{1+i3}{20}e^{(-1+i2)t} = e^{-t}\left(-\frac{1+i3}{20}e^{i2t}\right)$$

したがって，もとの微分方程式の特殊解は

$$\text{Re}[y_p] = -\frac{1}{20}e^{-t}\text{Re}[(1+i3)(\cos 2t + i\sin 2t)]$$
$$= -\frac{1}{20}e^{-t}(\cos 2t - 3\sin 2t)$$

となる。

以上より一般解は

$$y = c_1 e^{-2t} + c_2 e^{-3t} - \frac{1}{20}e^{-t}(\cos 2t - 3\sin 2t)$$

である。

例題 4.4 $y'' + 2y' + 2y = e^{-2t}\sin t$ の一般解を求めなさい。

【解答】 まず，オイラーの公式より得られる微分方程式

$$y'' + 2y' + 2y = e^{(\boxed{①\ -2+i})t} \tag{4.15}$$

の特殊解を $y_p = Ae^{(\boxed{②\ -2+i})t}$ とおいて求める。

$$y_p' = A\left(\boxed{③\ -2+i}\right) e^{(\boxed{④\ -2+i})t}$$

$$y_p'' = A\left(\boxed{⑤\ -2+i}\right)^2 e^{(\boxed{⑥\ -2+i})t}$$

であるので，これを式 (4.15) に代入することで

$$A = \boxed{⑦\ \dfrac{1+2i}{5}}$$

を得る。これより，特殊解は

$$\text{Im}[y_p] = \boxed{⑧\ \dfrac{1}{5}}\, e^{-2t}\left(\boxed{⑨\ \sin t + 2\cos t}\right)$$

を得る。以上より，この微分方程式の一般解は

$$y = \boxed{⑩\ e^{-t}(c_1 \cos t + c_2 \sin t) + \dfrac{1}{5}e^{-2t}(\sin t + 2\cos t)}$$

である。　　　　　　　　　　　　　　　　　　　　　　　　　　　　　　　　◇

このように，指数関数に対しては，容易に特殊解を求めることができるが，例 4.6 に示すような例もあるので注意が必要である。

例 4.6 $y'' + 5y' + 6y = e^{-2t}$ の特殊解はどのような形をしているだろうか。$y_p = Ae^{-2t}$ と予測して代入すると，左辺は 0 になる。それは，e^{-2t} が斉次方程式 $y'' + 5y' + 6y = 0$ の解であることから当然ともいえる。

こういうときは，簡単な場合を作って考察してみる。e^{-2t} を斉次解にもち，e^{-2t} を非斉次項にもつ 1 階の非斉次方程式

$$y' + 2y = e^{-2t}$$

を考える。この方程式の一般解 $y = te^{-2t} + ce^{-2t}$ に現れる特殊解は $y_p = te^{-2t}$ である。

したがって，これを参考に，特殊解を $y_p = Ate^{-2t}$ と予測して未定係数法を適用すると，$y_p' = A(1-2t)e^{-2t}$，$y_p'' = -4A(1-t)e^{-2t}$ であるため

$$y_p'' + 5y_p' + 6y_p = -4A(1-t)e^{-2t} + 5A(1-2t)e^{-2t} + 6Ate^{-2t}$$
$$= e^{-2t}$$

より，$A = 1$ を得る。したがって，$y_p = te^{-2t}$ である。

未定係数法は，ケースバイケースで解を見つけなくてはならないが，4.4 節で扱う演算子法を用いると，明確に解を求められる。

最後に，微分方程式の線形性を用いる例題を示そう。

例題 4.5 $y'' + 5y' + 6y = 3e^{-2t} + 2\sin t - 8e^{-t}\cos 2t$ の特殊解を求めなさい。

【解答】 微分方程式の線形性より，この特殊解は三つの微分方程式

$$y'' + 5y' + 6y = e^{-2t}$$
$$y'' + 5y' + 6y = \sin t$$
$$y'' + 5y' + 6y = e^{-t}\cos 2t$$

の特殊解の和になる。したがって特殊解は

$$y_p = \boxed{}$$

となる。　　　　　　　　　　　　　　　　　　　　　　　　　　　　　　　◇

これまでに述べた，未定係数法をまとめると以下のようになる。

---**未定係数法のまとめ**---

$y'' + py' + qy = f(t)$ の特殊解 y_p は

1. $f(t) = A_0 t^n + A_1 t^{n-1} + \cdots + A_n$ の場合

$$y_p = a_0 t^n + a_1 t^{n-1} + \cdots + a_n$$

2. $f(t) = Ae^{\alpha t}$ の場合

$$y_p(t) = at^s e^{\alpha t}$$

ここで，特性方程式の根を λ_1, λ_2 とするとき
   (a) $\alpha \neq \lambda_i, i = 1, 2$ (特性方程式の根と一致しない)：$s = 0$
   (b) $\alpha = \lambda_1 \neq \lambda_2$ (特性方程式の根の一つと一致)：$s = 1$
   (c) $\alpha = \lambda_1 = \lambda_2$ (特性方程式の重根と一致)：$s = 2$

の形をとる。

4.4　演算子法

演算子法（operator method）は，特殊解を求める強力な手法である。未定係数法が，ある程度勘と経験をもとにする方法であるのに対して，演算子法はシステマティックに特殊解を求められるアルゴリズムであるといえる。

まず，「微分する」という演算を D という記号（**演算子**（operator））で表そう。つまり

$$y' = Dy \tag{4.16}$$

と書く。したがって，2階微分は $y'' = D^2 y$ と表せる。つまり，$y'' + 3y' + 2y = D^2 y + 3Dy + 2y = (D^2 + 3D + 2)y$ と表すことができる。この $D^2 + 3D + 2$ は，D の多項式になっているので，$P(D) = D^2 + 3D + 2$ のように表す。

---**微分演算子**---

演算子 D は微分を表し，$Dy = y'$ のことである。例えば，非斉次方程式

$$ay'' + by' + cy = f(t)$$

は，微分演算子 $P(D) = aD^2 + bD + c$ を用いれば

$$P(D)y = f(t)$$

と表現できる。ここで，$P(\lambda) = 0$ は，特性方程式を表している。

例 4.7 微分方程式 $y'' + 2y' + y = \cos t$ を演算子で書き換えると

$$(D^2 + 2D + 1)y = \cos t$$

である。$P(D) = D^2 + 2D + 1$ とすると，$P(\lambda) = 0$ は特性方程式 $\lambda^2 + 2\lambda + 1 = 0$ を表している。

新たに，$\dfrac{1}{D}$ という演算子を $\dfrac{1}{D}Dy = y$ となる演算子として定義する。すると $\dfrac{1}{D}$ は，積分を表す（原始関数を求める）演算子であることがわかる。したがって，微分方程式 $Dy = e^t$ については，両辺に $\dfrac{1}{D}$ を作用させると

$$y = \frac{1}{D}e^t = \int e^t dt = e^t$$

が $Dy = e^t$ の解の一つとして得られる。したがって，$y_p = e^t$ は特殊解である。

また，$P(D)$ に対しても，形式的に $\dfrac{1}{P(D)}$ という演算子を $\dfrac{1}{P(D)}P(D)y = y$ を満たすものとして定義するのである。したがって，微分方程式 $P(D)y = f(t)$ に対しては $y_p = \dfrac{1}{P(D)}f(t)$ が特殊解となる。

例 4.8 微分方程式 $y'' + 2y' + y = \cos t$ を考える。この方程式は，演算子を使った記法では $(D^2 + 2D + 1)y = \cos t$ である。この方程式の一般解は

$$y = c_1 e^{-t} + c_2 t e^{-t} + \frac{1}{D^2 + 2D + 1}\cos t$$

で与えられる。

演算子についてまとめると，以下のとおりである。

- 演算子 D は微分のことを表す。つまり，$Dy = y'$ となる。
- 演算子 $\dfrac{1}{D}$ は積分のことを表す。つまり，$\dfrac{1}{D}y = \int y\,dt$ となる。

それでは，一般的な逆演算子（inverse operator）$\dfrac{1}{P(D)}$ はどういう演算を表しているの

だろうか？ これは $f(t)$ の種類によって異なる。

4.4.1 $f(t)$ が多項式のとき

いま，$P(D) = Q(D) + a$ であるとし，$\dfrac{1}{Q(D)+a}f(t)$ なる形を考察する。多項式の割り算により

$$\frac{1}{1-x} = 1 + x + x^2 + x^3 + \cdots$$

なる関係が得られる。これを用いると

$$\begin{aligned}
&\frac{1}{Q(D)+a}f(t) \\
&= \frac{1}{a}\frac{1}{1-\left(-\dfrac{Q(D)}{a}\right)}f(t) \\
&= \frac{1}{a}\left\{1 + \left(-\frac{Q(D)}{a}\right) + \left(-\frac{Q(D)}{a}\right)^2 + \left(-\frac{Q(D)}{a}\right)^3 + \cdots\right\}f(t)
\end{aligned} \qquad (4.17)$$

となる。

例 4.9 $f(t) = t^2$, $P(D) = D+1$ の場合

$$\begin{aligned}
\frac{1}{D+1}t^2 &= \frac{1}{1-(-D)}t^2 \\
&= \{1 + (-D) + (-D)^2 + (-D)^3 + \cdots\}t^2 \\
&= t^2 - 2t + 2 + 0 + \cdots \\
&= t^2 - 2t + 2
\end{aligned} \qquad (4.18)$$

となる。ここで，D^3 以上の項は，$f(t)$ が 2 次式であるから，すべて消えてしまう。

例題 4.6 $y'' + 3y' + 2y = t^2$ の一般解を求めなさい。

【解答】 この方程式を演算子で表すと，$(D^2+3D+2)y = t^2$ であるが，微分演算子は線形演算子なので，行列のように $D^2 + 3D + 2 = (D+2)(D+1)$ と「因数分解」できる。したがって

$$\begin{aligned}
\frac{1}{D^2+3D+2}t^2 &= \frac{1}{D+2}\frac{1}{D+1}t^2 \\
&= \frac{1}{D+2}\left\{\frac{1}{D+1}t^2\right\}
\end{aligned}$$

と書くことができる。したがって，まず $\dfrac{1}{D+1}t^2$ を求めてから，その結果に $\dfrac{1}{D+2}$ を作用させればよい。もちろん，この順番は逆でもよい。

4. 2階非斉次線形常微分方程式

したがって
$$\frac{1}{D^2+3D+2}t^2 = \frac{1}{D+2}\frac{1}{D+1}t^2$$
$$= \frac{1}{D+2}\left(\frac{1}{D+1}t^2\right)$$
$$= \frac{1}{2}\frac{1}{1-\left(\boxed{-\frac{D}{2}}^{①}\right)}(t^2-2t+2)$$
$$= \frac{1}{2}\left\{1+\left(\boxed{-\frac{D}{2}}^{②}\right)+\left(\boxed{-\frac{D}{2}}^{③}\right)^2\right\}(t^2-2t+2)$$
$$= \boxed{\frac{1}{2}t^2 - \frac{3}{2}t + \frac{7}{4}}^{④} \quad (4.19)$$

となるので，結局，微分方程式の一般解は

$$y = \boxed{C_1 e^{-t} + C_2 e^{-2t} + \frac{1}{2}t^2 - \frac{3}{2}t + \frac{7}{4}}^{⑤}$$

となる。 ◇

例 4.10 例題 4.6 は，特に因数分解せずに

$$D^2 + 3D + 2 = 2\left\{1 - \frac{1}{2}(-D^2 - 3D)\right\}$$

のように変形してもよい。つまり

$$\frac{1}{D^2+3D+2}t^2 = \frac{1}{2}\frac{1}{1-\frac{1}{2}(-D^2-3D)}t^2$$
$$= \frac{1}{2}\left\{1+\frac{1}{2}(-D^2-3D)+\frac{1}{4}(-D^2-3D)^2\right\}t^2$$
$$= \frac{1}{2}t^2 + \frac{1}{4}(-2-6t) + \frac{1}{8}\cdot 18$$
$$= \frac{1}{2}t^2 - \frac{3}{2}t + \frac{7}{4}$$

となり，因数分解した場合と特殊解が一致する。

じつは，多項式 $f(t) = a_0 t^n + a_1 t^{n-1} + \cdots + a_n$ ($a_n \neq 0$) に対して $\dfrac{1}{P(D)}f(t)$ を求めるアルゴリズムが存在し，**山辺の方法**（Yamabe's method）と呼ばれている。

微分演算子を $P(D) = D^2 + pD + q$ とする。このとき，形式的に筆算を次のように実行する。

$$\begin{array}{r}
\dfrac{a_0}{q}t^n \\
q+pD+D^2\overline{)a_0t^n + a_1t^{n-1} + a_2t^{n-2} + \cdots + a_n}\\
a_0t^n + \dfrac{pa_0}{q}nt^{n-1} + \dfrac{a_0}{q}n(n-1)t^{n-2} \\
\hline
(a_1-\dfrac{pa_0}{q}n)t^{n-1} + (a_2-\dfrac{a_0}{q}n(n-1))t^{n-2} + a_3t^{n-3}
\end{array}$$

一番高い次数の項を消すように計算を繰り返すと，最終的には余りが 0 になる．このときの商が特殊解に一致する．具体例を見てみよう．

例 4.11 $y'' + 2y' + 3y = t^2$ の場合，$P(D) = D^2 + 2D + 3$ なので，以下のような手順で特殊解が求められる．

(1) t^2 を消すために $\dfrac{1}{3}t^2$ を立てる．$(3+2D+D^2)\dfrac{1}{3}t^2 = t^2 + \dfrac{4}{3}t + \dfrac{2}{3}$ なので，t^2 からこれを引き算する．

(2) 同様に，$-\dfrac{4}{3}t$ を消すには $-\dfrac{4}{9}t$ を立てればよい．$(3+2D+D^2)\left(-\dfrac{4}{9}t\right) = -\dfrac{4}{3}t - \dfrac{8}{3}$ なので，(1) での余り $-\dfrac{4}{3}t - \dfrac{2}{3}$ からの差をとる．

(3) 同じ操作を繰り返すと，余りが 0 になる．得られた商の部分が特殊解である．

(1)
$$\begin{array}{r}
\dfrac{1}{3}t^2 \\
3+2D+D^2\overline{)t^2 }\\
t^2 + \dfrac{4}{3}t + \dfrac{2}{3}\\
\hline
-\dfrac{4}{3}t - \dfrac{2}{3}
\end{array}$$

(2)
$$\begin{array}{r}
\dfrac{1}{3}t^2 - \dfrac{4}{9}t \\
3+2D+D^2\overline{)t^2 }\\
t^2 + \dfrac{4}{3}t + \dfrac{2}{3}\\
\hline
-\dfrac{4}{3}t - \dfrac{2}{3}\\
-\dfrac{4}{3}t - \dfrac{8}{9}\\
\hline
\dfrac{2}{9}
\end{array}$$

(3)
$$\begin{array}{r}
\dfrac{1}{3}t^2 - \dfrac{4}{9}t + \dfrac{2}{27}\\
3+2D+D^2\overline{)t^2 }\\
t^2 + \dfrac{4}{3}t + \dfrac{2}{3}\\
\hline
-\dfrac{4}{3}t - \dfrac{2}{3}\\
-\dfrac{4}{3}t - \dfrac{8}{9}\\
\hline
\dfrac{2}{9}\\
\dfrac{2}{9}\\
\hline
0
\end{array}$$

以上の操作により $\dfrac{1}{D^2 + 2D + 3}t^2 = \dfrac{1}{3}t^2 - \dfrac{4}{9}t + \dfrac{2}{27}$ を得る．

例題 4.7 $y'' + 2y' + y = t^3 + 1$ の特殊解を求めなさい．

4. 2階非斉次線形常微分方程式

【解答】 山辺の方法で特殊解を求めてみよう。

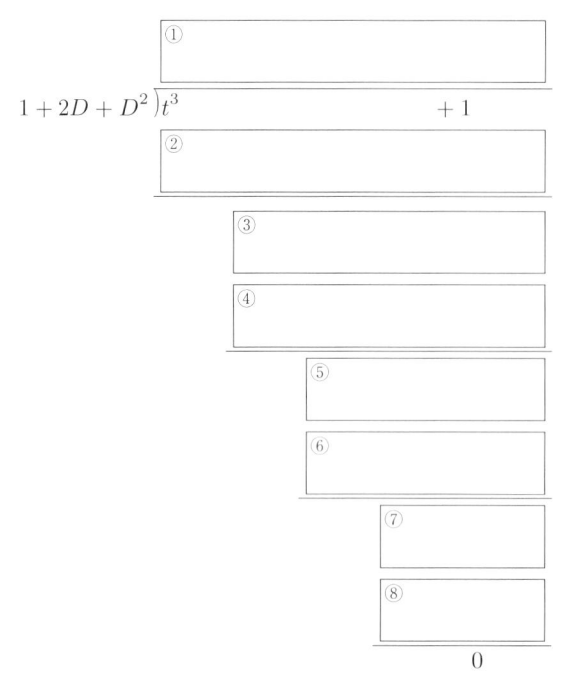

$$1+2D+D^2 \overline{)t^3 +1}$$

① ② ③ ④ ⑤ ⑥ ⑦ ⑧

0

より,$y_p =$ ⑨ $\diamondsuit$

4.4.2 $f(t)$ が指数関数・三角関数のとき

まず,$y'' + 5y' + 6y = 3e^{-t}$ つまり,$(D^2+5D+6)y = 3e^{-t}$ の解はどうなるか,調べてみよう。これを解くために,まず,$(D^2+5D+6)e^{-t}$ を計算する。

$$\begin{aligned}(D^2+5D+6)e^{-t} &= \frac{d^2}{dt^2}e^{-t} + 5\frac{d}{dt}e^{-t} + 6e^{-t}\\ &= (-1)^2 e^{-t} + 5(-1)e^{-t} + 6e^{-t}\\ &= \{(-1)^2 + 5(-1) + 6\}e^{-t}\\ &= 2e^{-t}\end{aligned}$$

一般に,$P(D)e^{\alpha t} = P(\alpha)e^{\alpha t}$ であることが,上記の計算からわかる。

これより,両辺に $\dfrac{1}{D^2+5D+6}$ を作用させることで

$$\frac{1}{D^2+5D+6}(D^2+5D+6)e^{-t} = \frac{1}{(D^2+5D+6)}2e^{-t}$$
$$\frac{1}{2}e^{-t} = \frac{1}{(D^2+5D+6)}e^{-t}$$

さらに,左右を逆にしてから両辺に 3 を掛けると

$$\frac{1}{(D^2+5D+6)}3e^{-t} = \frac{3}{2}e^{-t}$$

を得る。

この結果を例 4.3 と比較してみれば，未定係数法も演算子法も，じつはまったく同じ計算をしていたことがわかる。

以上の議論を一般化すれば，次の定理 4.3 に示す強力な結果を得る。

定理 4.3 $P(\alpha) \neq 0$ であれば

$$\frac{1}{P(D)}e^{\alpha t} = \frac{1}{P(\alpha)}e^{\alpha t} \tag{4.20}$$

が成り立つ。

証明 証明は省略する。 □

例 4.12 微分方程式 $y'' + 3y' + 2y = e^{-5t}$ の特殊解は，定理 4.3 より $\frac{1}{12}e^{-5t}$ である。また，特性方程式の根が $\lambda = -1, -2$ であることから，一般解は

$$y = c_1 e^{-t} + c_2 e^{-2t} + \frac{1}{12}e^{-5t}$$

となる。

例題 4.8 微分方程式 $y'' + 2y' + y = e^{-3t}$ の一般解を求めなさい。

【解答】 微分演算子は $P(D) = D^2 + 2D + 1$ であり，特殊解は

$$\frac{1}{D^2+2D+1}e^{-3t} = \frac{1}{\left(\boxed{①}\right)^2 + 2\left(\boxed{②}\right) + 1}e^{-3t}$$

$$= \boxed{③}\, e^{-3t}$$

である。特性方程式の根が $\lambda = -1$ (重根) であることから，一般解は

$$y = \boxed{④}$$ ◇

この強力な結果は，三角関数の場合，また指数関数と三角関数の積になっている場合にも，

オイラーの公式を用いることで，適用が可能になる．3 章で定理 3.5 を導いたときにオイラーの公式 (3.25)

$$e^{i\theta} = \cos\theta + i\sin\theta \tag{4.21}$$

を用いた．これにより，三角関数は指数関数になってしまうことは 4.3 節までに説明した．

例 4.13 $f(t) = \cos\omega t$ の場合を考察しよう．オイラーの公式とこの演算子を使えば，$f(t) = \cos\omega t = \text{Re}[e^{i\omega t}]$ である．ここで，式 (4.20) を使うと

$$\frac{1}{P(D)}\cos\omega t = \frac{1}{P(D)}\text{Re}[e^{i\omega t}] = \text{Re}\left[\frac{1}{P(D)}e^{i\omega t}\right] = \text{Re}\left[\frac{1}{P(i\omega)}e^{i\omega t}\right] \tag{4.22}$$

となる．

また，$f(t) = \sin\omega t$ であれば

$$\frac{1}{P(D)}\sin\omega t = \text{Im}\left[\frac{1}{P(i\omega)}e^{i\omega t}\right] \tag{4.23}$$

であることも容易に導ける．

例 4.14 微分方程式 $y'' + 2y' + y = \cos 3t$ の特殊解は，式 (4.22) において微分演算子 $P(D) = D^2 + 2D + 1$ を用いて

$$\begin{aligned}
\frac{1}{D^2 + 2D + 1}\cos 3t &= \text{Re}\left[\frac{1}{(i3)^2 + 2(i3) + 1}e^{i3t}\right] \\
&= \text{Re}\left[\frac{1}{-8 + i6}(\cos 3t + i\sin 3t)\right] \\
&= \text{Re}\left[-\frac{1}{50}(4 + i3)(\cos 3t + i\sin 3t)\right] \\
&= \text{Re}\left[-\frac{1}{50}\{(4\cos 3t - 3\sin 3t) + i(3\cos 3t + 4\sin 3t)\}\right] \\
&= -\frac{1}{50}(4\cos 3t - 3\sin 3t)
\end{aligned}$$

と得られる．したがって一般解は

$$y = c_1 e^{-t} + c_2 t e^{-t} - \frac{1}{50}(4\cos 3t - 3\sin 3t)$$

例題 4.9 微分方程式 $y'' + 2y' + y = \cos t$ の一般解を求めなさい．

【解答】　まず，特殊解は

$$\frac{1}{D^2+2D+1}\cos t = \text{Re}\left[\frac{1}{\left(\boxed{①}\right)^2+2\left(\boxed{②}\right)+1}e^{it}\right]$$

$$= \text{Re}\left[\frac{1}{\boxed{③}}\left(\boxed{④}+i\boxed{⑤}\right)\right]$$

$$= \boxed{⑥}$$

である．したがって，一般解は

$$y = c_1 e^{-t} + c_2 t e^{-t} + \boxed{⑦} \tag{4.24}$$

である． $\diamond$

微分演算子の公式 $\dfrac{1}{P(D)}e^{\alpha t} = \dfrac{1}{P(\alpha)}e^{\alpha t}$ は大変便利だが，$P(\alpha) \neq 0$ のときしか使えない．また，非斉次項が $f(t) = e^{\alpha t}\cos \beta t$ のような場合，オイラーの公式を使えばよいが，とにかく計算が煩雑になり間違いを犯しやすい．

そこで便利なのが，次の定理 4.4 に示すシフト公式（shift formula）[†]である．

定理 4.4（シフト公式）

$$\frac{1}{P(D)}e^{\alpha t}f(t) = e^{\alpha t}\frac{1}{P(D+\alpha)}f(t) \tag{4.25}$$

証明 $P(D) = \sum_k a_k D^k$ である．ある関数 $g(t)$ について，$P(D)e^{\alpha t}g(t)$ の D^k の項は

$$D^k e^{\alpha t}g(t) = \sum_{i=0}^{k}\binom{k}{i}(e^{\alpha t})^{(k-i)}g^{(i)}(t)$$

$$= \sum_{i=0}^{k}\binom{k}{i}\alpha^{(k-i)}e^{\alpha t}D^i g(t)$$

$$= e^{\alpha t}(D+\alpha)^k g(t)$$

である．したがって

$$P(D)e^{\alpha t}g(t) = e^{\alpha t}P(D+\alpha)g(t)$$

を得る．両辺に左から $\dfrac{1}{P(D)}$ を作用させると

[†] 本書オリジナルの呼び方である．

82   4. 2階非斉次線形常微分方程式

$$e^{\alpha t}g(t) = \frac{1}{P(D)}e^{\alpha t}P(D+\alpha)g(t)$$

ここで，$f(t) = P(D+\alpha)g(t)$ とおくと，$g(t) = \dfrac{1}{P(D+\alpha)}f(t)$ であることから

$$e^{\alpha t}\frac{1}{P(D+\alpha)}f(t) = \frac{1}{P(D)}e^{\alpha t}f(t)$$

が得られる。   □

現実の物理現象においては，$f(t)$ が純粋な多項式ということはほとんどあり得ないが，次の例 4.15 のように，指数関数との積になっている複合的な場合が大切である。

例 4.15 $y'' + 2y' + 2y = t^2 e^{-t}$ の特殊解を求めよう。

$$\begin{aligned}
\frac{1}{D^2+2D+2}(t^2 e^{-t}) &= e^{-t}\frac{1}{(D-1)^2+2(D-1)+2}t^2 \\
&= e^{-t}\frac{1}{D^2+1}t^2 \\
&= e^{-t}(t^2-2)
\end{aligned}$$

ここでは，シフト公式と山辺の方法を用いた。

例題 4.10 $y'' + 3y' + 2y = te^{-2t}$ の特殊解を求めなさい。

【解答】 微分演算子で表現すると $(D^2+3D+2)y = te^{-2t}$ である。したがって

$$\begin{aligned}
\frac{1}{D^2+3D+2}te^{-2t} &= e^{-2t}\frac{1}{\left(D-\boxed{①}\right)^2+3\left(D-\boxed{②}\right)+2}t \\
&= e^{-2t}\frac{1}{\boxed{③}}t \\
&= e^{-2t}\frac{1}{\boxed{④}}\frac{1}{D}t \\
&= \frac{1}{2}e^{-2t}\frac{1}{\boxed{⑤}}t^2 \\
&= \frac{1}{2}e^{-2t}\left(\boxed{⑥}\right)
\end{aligned}$$

となる。   ◇

例 4.16 $y'' + y = t\cos 3t$ の特殊解を求めよう。

微分方程式は $(D^2 + 1)y = t\cos 3t$ と書ける。オイラーの公式を用いれば

$$\frac{1}{D^2 + 1}(t\cos 3t) = \text{Re}\left[\frac{1}{D^2 + 1}(te^{i3t})\right]$$

である。括弧内に関しては

$$\frac{1}{D^2 + 1}(te^{i3t}) = e^{i3t}\frac{1}{(D+i3)^2 + 1}t$$
$$= e^{i3t}\frac{1}{D^2 + i6D - 8}t$$
$$= -\frac{1}{8}e^{i3t}\left(t + i\frac{3}{4}\right)$$
$$= -\frac{1}{8}(\cos 3t + i\sin 3t)\left(t + i\frac{3}{4}\right)$$

となるので，実数部をとれば

$$\frac{1}{D^2 + 1}(t\cos 3t) = -\frac{1}{8}t\cos 3t + \frac{3}{32}\sin 3t$$

を得る。

例題 4.11 $y'' + 3y = t^2\sin 2t$ の特殊解を求めなさい。

【解答】微分方程式は $(D^2 + 3)y = t^2\sin 2t$ で表現できるが，$t^2\sin 2t = t^2\text{Im}[e^{i2t}] = \text{Im}[t^2 e^{i2t}]$ であることを考慮すれば

$$\frac{1}{D^2 + 3}t^2 e^{i2t}$$
$$= e^{i2t}\frac{1}{\left(D + \boxed{2i}^{①}\right)^2 + 3}t^2$$
$$= e^{i2t}\frac{1}{\boxed{D^2 + 4iD - 1}^{②}}t^2$$
$$= \left(\boxed{30 - t^2}^{③} + i\boxed{-8t}^{④}\right)\left(\boxed{\cos 2t}^{⑤} + i\boxed{\sin 2t}^{⑥}\right)$$

となる。したがって，$\boxed{虚}^{⑦}$ 部をとれば

$$\frac{1}{D^2 + 3}t^2\sin 2t = \boxed{(30 - t^2)\sin 2t - 8t\cos 2t}^{⑧}$$

を得る。 ◇

定理 4.5（シフト公式の系（積分に変換））

$$\frac{1}{D+\alpha}e^{-\alpha t} = te^{-\alpha t} \tag{4.26}$$

証明 シフト公式で $f(t) = e^{-\alpha t}$, $P(D) = D$ とおくと

$$\begin{aligned}\frac{1}{D+\alpha}e^{-\alpha t} &= e^{-\alpha t}\frac{1}{D}\cdot 1 \\ &= e^{-\alpha t}\int dt \\ &= e^{-\alpha t}t\end{aligned}$$

となる。 □

これを使えば，$P(\alpha) = 0$ となる場合の特殊解を求めることができる。

例 4.17 $y'' + 3y' + 2y = e^{-2t}$ の特殊解を求めよう。まず，微分方程式は $(D^2 + 3D + 2)y = e^{-2t}$ となる。したがって

$$\begin{aligned}\frac{1}{D^2+3D+2}e^{-2t} &= \frac{1}{D+2}\left(\frac{1}{D+1}e^{-2t}\right) \\ &= \frac{1}{D+2}\left(\frac{1}{-2+1}e^{-2t}\right) \\ &= -\frac{1}{D+2}e^{-2t} \\ &= -e^{-2t}\frac{1}{D} \\ &= -te^{-2t}\end{aligned}$$

例 4.18 $y'' + 4y' + 8y = e^{-2t}\cos 2t$ の特殊解を求めよう。まず，微分方程式は

$$(D^2 + 4D + 8)y = e^{-2t}\cos 2t$$

となる。cos の場合は，オイラーの公式で指数関数に変換し，最後に実部をとればよいので，まずは

$$(D^2 + 4D + 8)y = e^{-2t}e^{i2t}$$

の特殊解を求める。

シフト公式を用いることで

$$\frac{1}{D^2+4D+8}(e^{-2t}e^{i2t}) = e^{-2t}\frac{1}{(D-2)^2+4(D-2)+8}e^{i2t}$$
$$= e^{-2t}\underline{\frac{1}{D^2+4}e^{i2t}}$$

を得る。ここで，微分演算子の $P(D) = D^2 + 4$ に対して，$P(i2) = 0$ となるため，注意が必要である。ここでも，さらにシフト公式を用いる必要がある。つまり，上式の下線部は

$$\frac{1}{D^2+4}e^{i2t} = \frac{1}{D-i2}\frac{1}{D+i2}e^{i2t}$$
$$= \frac{1}{D-i2}\frac{1}{i2+i2}e^{i2t}$$
$$= -i\frac{1}{4}e^{i2t}\frac{1}{(D+i2)-i2}\cdot 1$$
$$= -i\frac{1}{4}e^{i2t}\frac{1}{D}$$
$$= -i\frac{1}{4}e^{i2t}t$$

となる。したがって

$$\frac{1}{D^2+4D+8}(e^{-2t}\cos 2t) = \text{Re}\left[\frac{1}{D^2+4D+8}(e^{-2t}e^{i2t})\right]$$
$$= \text{Re}\left[e^{-2t}\left(-i\frac{1}{4}e^{i2t}t\right)\right]$$
$$= \frac{1}{4}te^{-2t}\text{Re}\left[-i(\cos 2t + i\sin 2t)\right]$$
$$= \frac{1}{4}te^{-2t}\sin 2t$$

を得る。

例題 4.12 $y'' + 5y' + 6y = 20e^{-t}\sin 2t$ の特殊解を演算子法で求めなさい。

【解答】 演算子でこの微分方程式を表記すると

$$(D^2 + 5D + 6)y = 20e^{-t}\sin 2t$$

である。オイラーの公式より，微分方程式

$$(D^2 + 5D + 6)y = 20e^{-t}\boxed{①}$$

に変換する。この特殊解は

4. 2階非斉次線形常微分方程式

$$\frac{1}{D^2+5D+6}20e^{-t}\boxed{\text{Im}\,e^{i2t}}^{②}$$

$$=20e^{-t}\frac{1}{\left(D-\boxed{(-1)}^{③}\right)^2+5\left(D-\boxed{(-1)}^{④}\right)+6}\boxed{\text{Im}\,e^{i2t}}^{⑤}$$

$$=20e^{-t}\frac{1}{D^2+\boxed{3}^{⑥}D+\boxed{2}^{⑦}}\boxed{e^{i2t}}^{⑧}$$

$$=20e^{-t}\frac{1}{\boxed{-2+6i}^{⑨}}\boxed{e^{i2t}}^{⑩}$$

$$=e^{-t}\left(\boxed{-(1+3i)}^{⑪}\right)\left(\cos\boxed{2t}^{⑫}+i\sin\boxed{2t}^{⑬}\right)$$

となる。この式の $\boxed{\text{虚}}^{⑭}$ 部をとることで，$(D^2+5D+6)y=20e^{-t}\sin 2t$ の特殊解

$$\frac{1}{D^2+5D+6}20e^{-t}\sin 2t = \boxed{-e^{-t}(\sin 2t+3\cos 2t)}^{⑮}$$

を得る。 ◇

4.5 定 数 変 化 法

定数変化法とは，特殊解を見つけるために，斉次解 y_1, y_2 を用いて

$$y = a_1 y_1 + a_2 y_2 \tag{4.27}$$

とおき，t の関数 a_1, a_2 を求める方法である。ただし，これをもとの方程式に代入しても，未知数が二つなので解くことができない。そこで，次の仮定を入れる。

$$a_1' y_1 + a_2' y_2 = 0 \tag{4.28}$$

まとめると以下のようになる。

≪定数変化法≫

1. 式 (4.27) を微分方程式に代入する。
2. 得られた a_1 と a_2 の式を，式 (4.28) と連立させて a_1 と a_2 を求める。

例 4.19 $y'' - 2y' - 3y = 2t$

基本解は e^{3t}, e^{-t} なので，解を $y = a_1 e^{3t} + a_2 e^{-t}$ とおく。また

$$a_1' e^{3t} + a_2' e^{-t} = 0 \tag{4.29}$$

を仮定することで

$$y' = a_1' e^{3t} + 3a_1 e^{3t} + a_2' e^{-t} - a_2 e^{-t} = 3a_1 e^{3t} - a_2 e^{-t}$$
$$y'' = 3a_1' e^{3t} + 9a_1 e^{3t} - a_2' e^{-t} + a_2 e^{-t}$$

である。これらを代入すると

$$3a_1' e^{3t} - a_2' e^{-t} = 2t \tag{4.30}$$

を得る。

式 (4.29)+式 (4.30) より，$4a_1' e^{3t} = 2t$ だから

$$a_1 = \frac{1}{2} \int t e^{-3t} dt + c_1 = -\frac{1}{6} t e^{-3t} - \frac{1}{18} e^{-3t} + c_1$$

同様にして，a_2 に関しても，$-4a_2' e^{-t} = 2t$ より

$$a_2 = -\frac{1}{2} \int t e^t dt + c_2 = -\frac{1}{2} t e^t + \frac{1}{2} e^t + c_2$$

元に戻すことで

$$y = -\frac{2}{3} t + \frac{4}{9} + c_1 e^{3t} + c_2 e^{-t}$$

を得る。

例題 4.13 $y'' + 4y' + 3y = e^{-t}$ を，定数変化法で解きなさい。

【解答】 まず，基本解は $y_1 = $ ① ， $y_2 = $ ② である。

基本解と変数 a_1, a_2 を使って，解を $y = $ ③ とおく。さらに，a_1, a_2 について

④ $= 0$

88   4. 2階非斉次線形常微分方程式

を仮定する。

　y をもとの微分方程式に代入して，仮定とともに整理すると

$$⑤$$

となる。a_1' と a_2' について連立方程式を解くことで

$$a_1' = ⑥, \qquad a_2' = ⑦$$

を得る。これより

$$a_1 = ⑧, \qquad a_2 = ⑨$$

が得られるので，一般解は

$$y = ⑩$$

である。　　　　　　　　　　　　　　　　　　　　　　　　　　　　　　$\diamondsuit$

4.6　2階非斉次線形常微分方程式の応用

　非斉次方程式は，外部から何らかの力やエネルギーを受ける場合に応用できる。微分方程式 $P(D)y = f(t)$ を解くことは，$y = \dfrac{1}{P(D)} f(t)$ を求めることであるが，$\dfrac{1}{P(D)}$ を**システム**（系）(system) とみなせば，図 **4.1** に示すように，$f(t)$ は**入力** (input) であり，$y(t)$ はその結果起こった**出力** (output) であるといえる。

入力　$f(t)$　→　$\boxed{\dfrac{1}{P(D)}}$　→　出力　$y(t)$

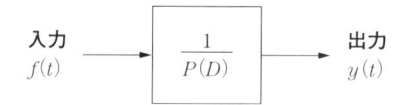

図 **4.1**　微分方程式のシステム的な概念図

例 4.20　3章の式 (3.31) で表現した減衰振動モデルに，外力が加わる状況を考えよう。図 **4.2** は，角振動数 ω で変化する外力（加振力）$P(t) = mF\sin\omega t$ が加わった状況を表している。例えば，自動車や二輪車に取り付けられているサスペンションを単純化すると，このようなモデルになる。

そうしたときの運動方程式は，式 (3.31) より

$$x'' + 2a\omega_0 x' + \omega_0 x = F\sin\omega t$$

となる。

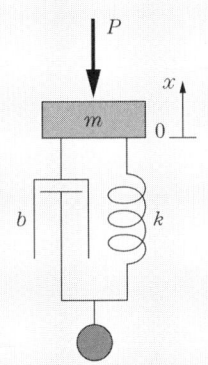

ばねとダンパが接続されている
おもりに，外力が加わっている。

図 4.2 強制振動のモデル

例 4.21 1 章の図 1.2 に示したように，交流電源

$$v_s(t) = E_0 \sin\omega t \tag{4.31}$$

を接続した LCR 回路について考察しよう。3 章に示した例 3.9 と同様に考えて，電源を含む回路の微分方程式は

$$Ri(t) + v_L(t) + v(t) = v_s(t) \tag{4.32}$$

である。この式に，3 章で示した式 (3.35)，式 (3.36)，式 (4.31) を代入することによって

$$v'' + \frac{R}{L}v' + \frac{1}{LC}v = \frac{E_0}{LC}\sin\omega t \tag{4.33}$$

を得る。この式は，外力を伴う減衰振動モデルの例 4.20 において

$$F = \frac{E_0}{LC}$$

とした場合と等しい。

このときの特殊解を求めよう。この微分方程式は，演算子によって

$$(LCD^2 + RCD + 1)v = E_0 \sin\omega t$$

と書ける。したがって，特殊解（定常解）$v_p(t)$ に関しては

4. 2階非斉次線形常微分方程式

$$v_p(t) = \frac{1}{LCD^2 + RCD + 1} E_0 \sin\omega t$$
$$= \operatorname{Im}\left[\frac{1}{LCD^2 + RCD + 1} E_0 e^{i\omega t}\right]$$

を計算すればよいことがわかる。ここで，微分演算子の分母において $D = i\omega$ としたとき，$LC(i\omega)^2 + RC(i\omega) + 1 = 1 - LC\omega^2 + i\omega RC$ である。これが0になるのは，$R = 0$ かつ $\omega = \dfrac{1}{\sqrt{LC}}$ のときだけである (両辺比較すればこの条件を得る)。しかし，$R \neq 0$ であるので，分母が0になる心配をする必要はない。したがって

$$v_p(t) = \frac{1}{LCD^2 + RCD + 1} E_0 \sin\omega t$$
$$= \operatorname{Im}\left[\frac{1}{LCD^2 + RCD + 1} E_0 e^{i\omega t}\right]$$
$$= \operatorname{Im}\left[\frac{1}{LC(i\omega)^2 + RC(i\omega) + 1} E_0 e^{i\omega t}\right]$$
$$= \operatorname{Im}\left[\frac{E_0}{(1-\omega^2 LC)^2 + \omega^2 R^2 C^2}\left\{(1-\omega^2 LC) - i\omega RC\right\}(\cos\omega t + i\sin\omega t)\right]$$
$$= \frac{E_0}{(1-\omega^2 LC)^2 + \omega^2 R^2 C^2}\left\{(1-\omega^2 LC)\sin\omega t - \omega RC \cos\omega t\right\}$$
$$= \frac{E_0}{\sqrt{(1-\omega^2 LC)^2 + \omega^2 R^2 C^2}} \sin(\omega t + \theta)$$
$$= \frac{E_0}{\omega C} \frac{1}{\sqrt{\left(\dfrac{1}{\omega C} - \omega L\right)^2 + R^2}} \sin(\omega t + \theta)$$

を得る。ここで，θ は

$$\tan\theta = \frac{\omega RC}{1 - \omega^2 LC} = R\left(\frac{1}{\omega C} - \omega L\right)^{-1}$$

となるような θ である。

次に，斉次解（過渡解 (transient solution)）を求めて，一般解を導く。特性方程式 $LC\lambda^2 + RC\lambda + 1 = 0$ の根は $\lambda = -\dfrac{R}{2L} \pm \dfrac{1}{2L}\sqrt{R^2 - \dfrac{4L}{C}}$ であるため

1. $R^2 > \dfrac{4L}{C}$ のとき

$$v(t) = e^{-\frac{R}{2L}t}\left(c_1 e^{\frac{1}{2L}\sqrt{R^2 - \frac{4L}{C}}t} + c_2 e^{-\frac{1}{2L}\sqrt{R^2 - \frac{4L}{C}}t}\right)$$
$$+ \frac{E_0}{\omega C} \frac{1}{\sqrt{\left(\dfrac{1}{\omega C} - \omega L\right)^2 + R^2}} \sin(\omega t + \theta)$$

2. $R^2 = \dfrac{4L}{C}$ のとき

$$v(t) = e^{-\frac{R}{2L}t}(c_1 + c_2 t) + \frac{E_0}{\omega C} \frac{1}{\sqrt{\left(\dfrac{1}{\omega C} - \omega L\right)^2 + R^2}} \sin(\omega t + \theta)$$

3. $R^2 < \dfrac{4L}{C}$ のとき

$$v(t) = e^{-\frac{R}{2L}t}\left\{c_1 \cos\left(\frac{1}{2L}\sqrt{\frac{4L}{C} - R^2}\right)t + c_2 \sin\left(\frac{1}{2L}\sqrt{\frac{4L}{C} - R^2}\right)t\right\}$$
$$+ \frac{E_0}{\omega C} \frac{1}{\sqrt{\left(\dfrac{1}{\omega C} - \omega L\right)^2 + R^2}} \sin(\omega t + \theta)$$

どの場合においても，十分時間が経つ（$t \to \infty$）と，最初の 2 項（斉次解）は消失するため，回路では特に過渡応答（transient response）と呼んでいる。最後の項 $v_p(t)$ は，十分時間が経ったとき（$t \to \infty$）の電圧を表し，定常応答（steady-state response）と呼ぶ。つまり，$t \to \infty$ において

$$v(t) \to v_p(t) = \frac{E_0}{\omega C} \frac{1}{\sqrt{\left(\dfrac{1}{\omega C} - \omega L\right)^2 + R^2}} \sin(\omega t + \theta)$$

となる。

以上の解析により，LCR 回路に関しては，次のことがわかる。

- 入力した正弦波は，$\dfrac{\theta}{\omega}$ だけずれて（進んで・遅れて）出力される。この正弦波のズレを**位相**（phase）と呼び，進むか遅れるかは C と L の値によって決まる。
- 入力振幅 E_0 は

$$|H(\omega)| = \frac{E_0}{\omega C} \frac{1}{\sqrt{\left(\dfrac{1}{\omega C} - \omega L\right)^2 + R^2}}$$

  倍されて出力される。この $|H(\omega)|$ のことを振幅特性（amplitude characteristics）と呼ぶ。角周波数 ω によって，出力の振幅が変化することに注意されたい。
- 振幅最大となるのは，$\omega L = \dfrac{1}{\omega C}$ のときで，$\omega = \dfrac{1}{\sqrt{LC}}$ のときである。定常項の振幅が最大になるとき，これを**共振**（resonance）と呼ぶ。このときの ω を共振角周波数（resonant angular frequency）と呼ぶ。

コーヒーブレイク

例 4.20 では外力（加振力），例 4.21 では入力電圧がそれぞれ正弦波という仮定をした。しかしながら，実際の状況ではばねが外部から受ける振動はもっと複雑なものである。また，電気回路に入力される電圧は，家庭電源 100 V のように正弦波の場合もあれば，音声信号[†]のように正弦波よりはるかに複雑なものもある（図 4.3）。

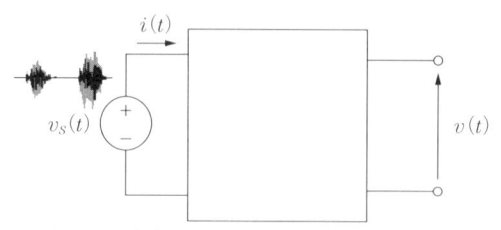

図 4.3 音声信号を入力としてもつ電気回路

じつは，フーリエ解析（Fourier analysis）によれば，任意の波形は，無限個の複素正弦波 $e^{i\omega t}$ を定数倍したものの和で表現できることが知られている。これを式に表すと，ある波形 $g(t)$ は

$$g(t) = \frac{1}{2\pi} \int_{-\infty}^{\infty} G(\omega) e^{i\omega t} d\omega \tag{4.34}$$

$$\approx \frac{1}{2\pi} \sum_{n=-\infty}^{\infty} G(\omega_n) e^{i\omega_n t} \Delta\omega \tag{4.35}$$

のように表現できる。式 (4.34) はフーリエ解析における**逆フーリエ変換**（inverse Fourier transform）と呼ばれている式であり，式 (4.35) は，その区分求積近似である。区分求積の式をみると，物理的な意味合いがより明らかになるだろう。すなわち，定理 4.1 で示した重ねあわせの理によれば，微分方程式

$$L[v(t)] = g(t)$$

を直接解く代わりに

$$L[v^{(\omega)}(t)] = e^{i\omega t} \tag{4.36}$$

の解 $v^{(\omega)}(t)$ を求めておいてから（複素正弦波に対しては，演算子を用いれば簡単に特殊解が求められた！），それを異なる ω について $G(\omega)$ 倍したものの和を求めればよいのである。つまり，式 (4.36) の解を用いて

$$v(t) = \frac{1}{2\pi} \int_{-\infty}^{\infty} G(\omega) v^{(\omega)}(t) d\omega$$

となる。

したがって，実際に振動や回路の解析をする際には，正弦波入力の特殊解が求められれば十分なのである。

[†] マイクロフォンで集音することで，音波は電気振動に変換される。

章 末 問 題

【1】 次の微分方程式の一般解を求めなさい。
- (1) $y'' + 5y' + 6y = -4t^2$
- (2) $y'' + y' + 2y = 2t^2 + 2t$
- (3) $y'' + 4y' + 3y = 3t^2$

【2】 次の微分方程式の一般解を求めなさい。
- (1) $y'' + 5y' + 6y = 3e^{-t}$
- (2) $y'' + 4y' + 3y = e^{-2t}$
- (3) $y'' + 5y' + 6y = 2\sin t$
- (4) $y'' + 5y' + 6y = 3\sin 2t$
- (5) $y'' + 2y' + 5y = \cos 2t$
- (6) $y'' + 5y' + 6y = 3e^{-t} + 2\sin t$

【3】 次の微分方程式の一般解を求めなさい。
- (1) $y'' + 2y' = 3 + 4\sin 2t$
- (2) $y'' + 2y' + y = 2e^{-t}$
- (3) $y'' + \omega_0^2 y = \cos \omega t,\ \omega^2 \neq \omega_0^2$
- (4) $y'' + \omega_0^2 y = \cos \omega_0 t$

【4】 次の微分方程式の一般解を求めなさい。
- (1) $y'' + 2y' + y = t^2 e^{-t}$
- (2) $y'' + y = t^2 e^{-2t}$
- (3) $y'' + y = e^{-3t} \sin t$
- (4) $y'' + 2y' + y = te^{-t} \sin t$

5 高階線形常微分方程式と連立常微分方程式

この章では，3階以上の線形常微分方程式の解法が，じつは本質的に2階線形常微分方程式の解法と同じであることを述べる。さらに，階数に関わらず，線形常微分方程式は1階の連立常微分方程式（線形常微分方程式系, system of linear ordinary differential equations）として統一的に取り扱うことができることを学ぶ。

5.1 高階線形常微分方程式の特性方程式の根と基本解

n 階の斉次方程式

$$a_n y^{(n)} + a_{n-1} y^{(n-1)} + \cdots + a_1 y' + a_0 y = 0 \tag{5.1}$$

の場合も特性方程式

$$a_n \lambda^n + a_{n-1} \lambda^{n-1} + \cdots + a_1 \lambda + a_0 = 0 \tag{5.2}$$

の根を求めることで，基本解を得ることができる。

特性方程式の根と対応する基本解

微分方程式 (5.1) の特性方程式 (5.2) が次のように因数分解できるとき

$$(\lambda - \lambda_1) \cdots (\lambda - \lambda_p)(\lambda - \mu_1)^{m_1} \cdots (\lambda - \mu_q)^{m_q}(\lambda - (\alpha_1 + i\beta_1))(\lambda - (\alpha_1 - i\beta_1))$$
$$\cdots((\lambda - (\alpha_r + i\beta_r))(\lambda - (\alpha_r - i\beta_r)) = 0$$

それぞれの根に対応する解は

1. 1重根 λ_p に対応する解　　$y(t) = e^{\lambda_p t}$
2. m_k 重根 μ_k に対応する解　　$y(t) = e^{\mu_k t}, te^{\mu_k t}, \ldots, t^{m_k - 1} e^{\mu_k t}$
3. 複素数根 $\alpha_l \pm i\beta_l$ に対応する解　　$y(t) = e^{\alpha_l t} \cos \beta_l t,\ e^{\alpha_l t} \sin \beta_l t$

となり，一般解はそれらすべての線形結合で表される。

また2階の場合と同様に n 階斉次方程式の一般解は，1次独立な n 個の基本解 $y_1, \ldots, y_n$ の線形結合

$$y = c_1 y_1 + \cdots + c_n y_n \tag{5.3}$$

で与えられる。このことに注意しながら，以下の例を見ていこう。

例 5.1 $y^{(4)}+4y^{(3)}+5y''+4y'+4y=0$ に対する特性方程式 $\lambda^4+4\lambda^3+5\lambda^2+4\lambda+4=0$ は，$(\lambda+2)^2(\lambda^2+1)=0$ と変形でき，その根は $\lambda=-2$ (重根), $\pm i$ なので，一般解は

$$y(t) = c_1 e^{-2t} + c_2 t e^{-2t} + c_3 \cos t + c_4 \sin t$$

である。

例題 5.1 $y^{(3)} + 3y'' + 3y' + y = 0$ の一般解を求めなさい。

【解答】 特性方程式は ① であり，その根は $\lambda =$ ② である。したがって，特性方程式の根に対応する三つの基本解は

③ , ④ , ⑤

なので，一般解

$$y = \boxed{⑥}$$

を得る。   ◇

非斉次方程式も，2階線形常微分方程式の同様の方法（例えば演算子法など）で解ける。

例 5.2 $y''' + y'' + y' + y = e^{-t} + 3t$ の一般解を求めよう。

特性方程式は $\lambda^3 + \lambda^2 + \lambda + 1 = 0$ である。これは $(\lambda+1)(\lambda^2+1) = 0$ と変形できるので，$\lambda = \pm i, -1$ である。したがって基本解は $\cos t, \sin t, e^{-t}$ である。次に，微分演算子を使うと $(D^3 + D^2 + D + 1)y = e^{-t} + 3t$ と変形できるから

$$\begin{aligned}\frac{1}{D^3+D^2+D+1}e^{-t} &= \frac{1}{(D+1)(D^2+1)}e^{-t}\\&= \frac{1}{(D+1)}\frac{1}{(-1)^2+1}e^{-t}\\&= \frac{1}{2}\frac{1}{(D+1)}e^{-t}\\&= \frac{1}{2}e^{-t}\frac{1}{D}\cdot 1\\&= \frac{1}{2}e^{-t}t\end{aligned}$$

また
$$\frac{1}{D^3+D^2+D+1}t = \frac{1}{1-\{-(D^3+D^2+D)\}}t$$
$$= \{1-(D^3+D^2+D)\}t$$
$$= t-1$$

である。線形性から一般解は

$$y = c_1\cos t + c_2\sin t + c_3 e^{-t} + \frac{1}{2}te^{-t} + 3(t-1)$$

となる。

例題 5.2 $y''' + y'' + y' + y = \sin 2t$ の一般解を求めなさい。

【解答】 オイラーの公式により，まず右辺が e^{i2t} である場合を考える。このとき

$$\frac{1}{D^3+D^2+D+1}e^{i2t} = \frac{1}{\left(\boxed{2i}\right)^3 + \left(\boxed{2i}\right)^2 + \left(\boxed{2i}\right) + 1}e^{i2t}$$
$$= \frac{1}{\boxed{-3-6i}}e^{i2t}$$

である。したがって，特殊解はこの虚部をとることで

$$\boxed{\frac{2\cos 2t - \sin 2t}{15}}$$

となり，例 5.2 で求めた基本解を用いると，一般解は

$$y = \boxed{c_1\cos t + c_2\sin t + c_3 e^{-t} + \frac{2\cos 2t - \sin 2t}{15}}$$

である。   ◇

5.2 連立常微分方程式

時間とともに変化する量が二つ以上あって，それらが複数の微分方程式で記述される場合，

連立常微分方程式（system of differential equations）を解く必要がある．また，高階の線形常微分方程式は，1階の連立常微分方程式に帰着できる．

例 5.3 図 5.1 のように，三つの異なるばねがおもりを介してつながっている場合，おもりそれぞれに関して微分方程式を立てればよい．まず，右側を正にとり，つりあいの位置を x_1 座標，x_2 座標の原点とする．わかりやすさのために $x_2 > x_1 > 0$ を仮定しておこう．そうすると

- ばね k_1 は伸びている．→ M_1 の負の側に力がかかっている．
- ばね k_2 は伸びている．なぜならば，x_1 縮んで，x_2 伸びているが，$x_2 > x_1$ を仮定しているから，$x_2 - x_1$ だけ伸びているから．→ M_1 の正の側に力がかかり，M_2 の負の側に力がかかっている．
- ばね k_3 は縮んでいる．→ M_2 の負の側に力がかかっている．

ということがわかる．これに従って，運動方程式を立てると，M_1 に関しては

$$m_1 \frac{d^2 x_1}{dt^2} = -k_1 x_1 + k_2(x_2 - x_1) \tag{5.4}$$

M_2 に関しては

$$m_2 \frac{d^2 x_2}{dt^2} = -k_2(x_2 - x_1) - k_3 x_2 \tag{5.5}$$

となる．

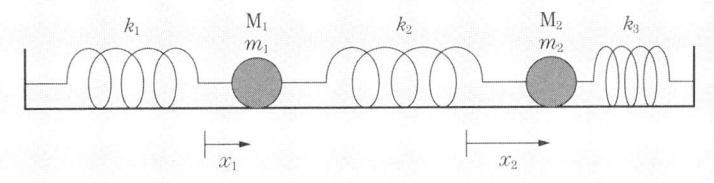

図 5.1 三つの異なるばねがおもりを介してつながっている場合

例 5.4 LCR 並列回路の例を示す．

図 5.2 で，接点間の電圧を $v(t)$ とする．キルヒホッフの電流則より

$$i_1(t) + i_2(t) + i_3(t) = 0$$

を得る．コンデンサに関しては

$$i_1(t) = Cv'(t)$$

である．ここで

$$Ri_2(t) = v(t), \qquad Li_3'(t) = v(t)$$

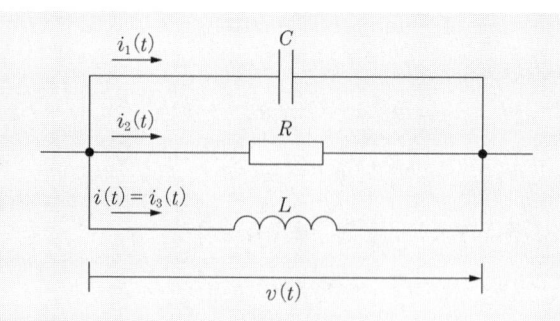

図 5.2 LCR 並列回路

である。さらに，$i(t) = i_3(t)$ とおき，$i_1(t)$ と $i_2(t)$ を消去すると

$$i'(t) = \frac{1}{L}v(t)$$
$$v'(t) = -\frac{1}{C}i(t) - \frac{1}{RC}v(t)$$

となり，$i(t)$ と $v(t)$ の連立常微分方程式になる。

例 5.5 3 階の斉次方程式

$$x^{(3)} + ax'' + bx' + cx = 0 \tag{5.6}$$

を考える。ここで

$$x_1 = x$$
$$x_2 = x'$$
$$x_3 = x''$$

とおくと

$$x_1' = x' = x_2$$

なので，それぞれ微分したものと式 (5.6) は

$$x_1' = x_2$$
$$x_2' = x_3$$
$$x_3' = -ax_3 - bx_2 - cx_1$$

と表現できる。

これらを解く方法は，演算子法を用いることで形式的に解くことができる。基本的には，連立代数方程式を解くように，消去法と代入法を組み合わせればよい。つまり，未知関数が x と y である場合，一つの未知関数，例えば y を消去して x の一般解を求める。次に，x を片方の微分方程式に代入すると，y の一般解が得られる。

5.2 連立常微分方程式

≪連立常微分方程式の解法≫

1. 変数を消去することで，1変数の微分方程式を作る．
2. 得られた微分方程式の一般解を，他方の微分方程式に代入する．
3. 1階線形常微分方程式の連立方程式に書き直したとき，任意定数の個数が，未知関数の個数と一致しているか確認する．任意定数が多い場合は，任意定数間の関係を求め，その個数を減らす．

3. については補足が必要であろう．例5.5で学習したように，n 階の線形常微分方程式は，n 個の1階連立常微分方程式に変換することが可能である．未知関数の数とは，すべての方程式を1階で書き直したときの変数の数のことである．

演算子法を用いると，見通しよく解くことができる．

例 5.6 連立常微分方程式

$$\begin{cases} \dfrac{dx}{dt} + 2x - 2y = 1 & \cdots (1) \\ x + \dfrac{dy}{dt} + 5y = 2 & \cdots (2) \end{cases}$$

を演算子法で解いてみよう．

連立方程式を演算子で書き直すと

$$\begin{cases} (D+2)x - 2y = 1 & \cdots (1)' \\ x + (D+5)y = 2 & \cdots (2)' \end{cases}$$

となるので，y の項を消去する．$(D+5) \times (1)' + 2 \times (2)'$ より

$$(D^2 + 7D + 12)x = 9$$

を得る．この方程式の特殊解は

$$\begin{aligned} \frac{1}{D^2 + 7D + 12} \cdot 9 &= \frac{1}{D+4} \frac{1}{D+3} \cdot 9 \\ &= \frac{1}{D+4} \cdot 3 \\ &= \frac{3}{4} \end{aligned}$$

特性方程式 $\lambda^2 + 7\lambda + 12 = 0$ の根は $\lambda = -3, -4$ だから，x の一般解

$$x = c_1 e^{-3t} + c_2 e^{-4t} + \frac{3}{4}$$

を得る。

これを $(1)'$ に代入すると

$$y = \left(\frac{D}{2} + 1\right)x - \frac{1}{2}$$
$$= -\frac{1}{2}c_1 e^{-3t} - c_2 e^{-4t} + \frac{1}{4}$$

を得る。

例題 5.3 連立常微分方程式

$$\begin{cases} x'' + 2y = e^t \\ x' + y' - y = 3e^t \end{cases}$$

の一般解を求めなさい。

【解答】 微分演算子を用いて書き直すと

$$\begin{cases} \boxed{①} = \boxed{②} & \cdots (1)' \\ \boxed{③} = \boxed{④} & \cdots (2)' \end{cases}$$

である。$\left(\boxed{⑤}\right) \times (1)' - \left(\boxed{⑥}\right) \times (2)'$ より

$$\left(\boxed{⑦}\right) x = -6e^t$$

となる。これより，x の特殊解を求めると

$$\frac{1}{\boxed{⑧}}(-6e^t) = \boxed{⑨}$$

また，特性方程式 $\boxed{⑩} = 0$ の根は $\lambda = \boxed{⑪}, \boxed{⑫}, \boxed{⑬}$ なので，x に関する一般解は

$$x = \boxed{⑭}$$

である。次に，これを $(1)'$ に代入すると，y に関する一般解は

$$y = \boxed{}^{⑮}$$

となる。 ◇

5.3 固有値・固有ベクトルによる斉次方程式の解法*

ここでは，次のような単純な形の連立常微分方程式を考える。

---**斉次線形常微分方程式系（斉次連立一次常微分方程式）**---

a, b, c, d が定数のとき

$$x'(t) = ax(t) + by(t)$$
$$y'(t) = cx(t) + dy(t)$$

を斉次線形常微分方程式系 (system of homogeneous linear ordinary differential equations) と呼ぶ。一般的には，n 個の関数を縦に並べたベクトル $\boldsymbol{x}(t)$ と サイズ $n \times n$ の定数行列 $\boldsymbol{A}$ を用いて

$$\frac{d}{dt}\boldsymbol{x}(t) = \boldsymbol{A}\boldsymbol{x}(t) \tag{5.7}$$

またはより簡単に $\boldsymbol{x}' = \boldsymbol{A}\boldsymbol{x}$ と表現できる。

斉次線形常微分方程式系とは，外部からの作用がない微分方程式であり，1階線形常微分方程式を多次元に拡張したものといえる。

例 5.7 例 5.5 においては

$$\boldsymbol{A} = \begin{bmatrix} 0 & 1 & 0 \\ 0 & 0 & 1 \\ -c & -b & -a \end{bmatrix}$$

と表現できる。

斉次線形常微分方程式系は代入法で解くこともできるが，未知変数が増えると手に負えなくなる。しかしながら，この微分方程式の求解は，**固有値・固有ベクトル**を求める問題に帰着するのである。固有値 (eigenvalue) と固有ベクトル (eigenvector) について詳しくない読者は，巻末の付録を参考にされたい。それでは，固有値・固有ベクトルを使うと，連立常

微分方程式が簡単に解けることを示そう．

ここで 2×2 行列 $\boldsymbol{A} = \begin{bmatrix} a & b \\ c & d \end{bmatrix}$ には，二つの固有値が存在するとして，その固有値と固有ベクトルをそれぞれ，$\lambda_1, \boldsymbol{u}$ と $\lambda_2, \boldsymbol{v}$ とする．ただし，$\boldsymbol{u} = [u_1, u_2]^T$, $\boldsymbol{v} = [v_1, v_2]^T$ とする．ここで，右肩の T は，縦ベクトルであることを表す**転置**（transpose）の記号である．

このとき

$$\boldsymbol{A}\boldsymbol{u} = \lambda_1 \boldsymbol{u}, \boldsymbol{A}\boldsymbol{v} = \lambda_2 \boldsymbol{v} \tag{5.8}$$

である．式 (5.8) を要素で書き直すと

$$\begin{bmatrix} a & b \\ c & d \end{bmatrix} \begin{bmatrix} u_1 \\ u_2 \end{bmatrix} = \lambda_1 \begin{bmatrix} u_1 \\ u_2 \end{bmatrix}, \quad \begin{bmatrix} a & b \\ c & d \end{bmatrix} \begin{bmatrix} v_1 \\ v_2 \end{bmatrix} = \lambda_2 \begin{bmatrix} v_1 \\ v_2 \end{bmatrix}$$

となり，この 2 式をまとめて書くと

$$\begin{bmatrix} a & b \\ c & d \end{bmatrix} \begin{bmatrix} u_1 & v_1 \\ u_2 & v_2 \end{bmatrix} = \begin{bmatrix} u_1 & v_1 \\ u_2 & v_2 \end{bmatrix} \begin{bmatrix} \lambda_1 & 0 \\ 0 & \lambda_2 \end{bmatrix} \tag{5.9}$$

を得る．$\boldsymbol{U} = \begin{bmatrix} u_1 & v_1 \\ u_2 & v_2 \end{bmatrix}$ と書くと，$\boldsymbol{A}\boldsymbol{U} = \boldsymbol{U} \begin{bmatrix} \lambda_1 & 0 \\ 0 & \lambda_2 \end{bmatrix}$ となる．$\boldsymbol{U}$ に逆行列が存在するのであれば

$$\boldsymbol{A} = \boldsymbol{U} \begin{bmatrix} \lambda_1 & 0 \\ 0 & \lambda_2 \end{bmatrix} \boldsymbol{U}^{-1} \tag{5.10}$$

となる．この表現を，行列 $\boldsymbol{A}$ の**対角化**（diagonalization）と呼ぶ．

さて，ここで，式 (5.7) の両辺に $\boldsymbol{U}^{-1}$ を掛け，式 (5.10) を代入すると

$$\frac{d}{dt}(\boldsymbol{U}^{-1}\boldsymbol{x}) = \begin{bmatrix} \lambda_1 & 0 \\ 0 & \lambda_2 \end{bmatrix} \boldsymbol{U}^{-1}\boldsymbol{x} \tag{5.11}$$

が得られる．ここで改めて $\tilde{\boldsymbol{x}} = \boldsymbol{U}^{-1}\boldsymbol{x}$ とおくことで

$$\frac{d}{dt}\tilde{\boldsymbol{x}} = \begin{bmatrix} \lambda_1 & 0 \\ 0 & \lambda_2 \end{bmatrix} \tilde{\boldsymbol{x}} \tag{5.12}$$

となる．つまり，$\tilde{\boldsymbol{x}} = [\tilde{x}, \tilde{y}]^T$ と書くことで，連立常微分方程式は二つの独立な 1 階微分方程式

$$\tilde{x}' = \lambda_1 \tilde{x}$$

$$\tilde{y}' = \lambda_2 \tilde{y}$$

になってしまったのである．それぞれの一般解は，$\tilde{x} = C_1 e^{\lambda_1 t}$ と $\tilde{y} = C_2 e^{\lambda_2 t}$ となるので

$$\tilde{\boldsymbol{x}} = \boldsymbol{U}^{-1} \boldsymbol{x} = \begin{bmatrix} C_1 e^{\lambda_1 t} \\ C_2 e^{\lambda_2 t} \end{bmatrix} \tag{5.13}$$

となる．これより，求めるべき連立常微分方程式の一般解 $\boldsymbol{x}(t)$ は

$$\boldsymbol{x} = \boldsymbol{U} \begin{bmatrix} C_1 e^{\lambda_1 t} \\ C_2 e^{\lambda_2 t} \end{bmatrix} = C_1 e^{\lambda_1 t} \boldsymbol{u} + C_2 e^{\lambda_2 t} \boldsymbol{v} \tag{5.14}$$

となる．

なお，要素で書き直すと

$$\begin{bmatrix} x \\ y \end{bmatrix} = \begin{bmatrix} u_1 & v_1 \\ u_2 & v_2 \end{bmatrix} \begin{bmatrix} C_1 e^{\lambda_1 t} \\ C_2 e^{\lambda_2 t} \end{bmatrix} = C_1 e^{\lambda_1 t} \begin{bmatrix} u_1 \\ v_1 \end{bmatrix} + C_2 e^{\lambda_2 t} \begin{bmatrix} u_2 \\ v_2 \end{bmatrix} \tag{5.15}$$

となり，x, y の一般解

$$x = u_1 C_1 e^{\lambda_1 t} + v_1 C_2 e^{\lambda_2 t} \tag{5.16}$$

$$y = u_2 C_1 e^{\lambda_1 t} + v_2 C_2 e^{\lambda_2 t} \tag{5.17}$$

を得る．

以上の議論より，解法をまとめると次のようになる．

≪固有値・固有ベクトルを用いた解法≫

式 (5.7) の形で表される連立常微分方程式は，以下の手順で解ける．

1. $\boldsymbol{A}$ の固有値と固有ベクトルを求める．
2. 固有ベクトルを並べた行列を $\boldsymbol{U}$，対応する固有値を λ_1, λ_2 とすると，一般解は式 (5.14) で与えられる．要素で書くと，式 (5.17) である．

例 5.8 $x' = 3x + 5y, \; y' = -4x - 6y$ の一般解を求めよう．

この方程式を行列で表すと

$$\frac{d}{dt} \begin{bmatrix} x \\ y \end{bmatrix} = \begin{bmatrix} 3 & 5 \\ -4 & -6 \end{bmatrix} \begin{bmatrix} x \\ y \end{bmatrix}$$

なので，右辺に表れる行列は例 A.5（付録参照）と同じものである．したがって

$$\begin{bmatrix} x \\ y \end{bmatrix} = C_1 e^{-2t} \begin{bmatrix} 1 \\ 1 \end{bmatrix} + C_2 e^{-t} \begin{bmatrix} 5 \\ -4 \end{bmatrix}$$

となる．つまり，$x = C_1 e^{-2t} + 5C_2 e^{-t}$, $y = C_1 e^{-2t} - 4C_2 e^{-t}$ となる．

例題 5.4 $x' = x + y$, $y' = 4x + y$ の一般解を求めなさい．

【解答】 行列の式で書き直すと

$$\frac{d}{dt}\begin{bmatrix} x \\ y \end{bmatrix} = \boldsymbol{A}\begin{bmatrix} x \\ y \end{bmatrix}$$

であり，ここで

$$\boldsymbol{A} = \begin{bmatrix} \text{①} & \text{③} \\ \text{②} & \text{④} \end{bmatrix}$$

である．$\boldsymbol{A}$ の固有値は

$$\lambda = \text{⑤} , \text{⑥}$$

であり，それぞれに対応する固有ベクトルは

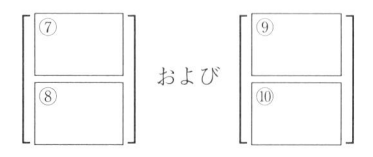

$$\begin{bmatrix} \text{⑦} \\ \text{⑧} \end{bmatrix} \text{ および } \begin{bmatrix} \text{⑨} \\ \text{⑩} \end{bmatrix}$$

なので

$$x = \text{⑪}$$
$$y = \text{⑫}$$

を得る． ◇

次に，$\boldsymbol{A}$ の固有値が複素数である場合を述べておく．この場合，固有値が 2 次方程式の根であることから，必ず共役な根 $\lambda = \alpha \pm i\beta$ となる．この場合，式 (5.14) で表現される一般解は，複素数の範囲での表現となる．これを実数の範囲で表現するにはどうしたらよいだろうか．

5.3 固有値・固有ベクトルによる斉次方程式の解法

固有値・固有ベクトルの定義より，$Au = \lambda u$ が成り立つが，両辺の共役をとると $A\bar{u} = \bar{\lambda}\bar{u}$ である。つまり λ の共役 $\bar{\lambda}$ は，やはり固有値である。したがって，u の共役 $\bar{u}$ はやはりもう一つの固有ベクトルである。共役な二つの固有値を，$\lambda_1 = \alpha + i\beta$，$\lambda_2 = \alpha - i\beta$ とおき，λ_1 に対応する固有ベクトル u を，実部ベクトル a，虚部ベクトル b を用いて $u = a + ib$ と表現することにする。このとき，λ_2 に対応する固有ベクトルは $v = a - ib$ である。これらを，式 (5.14) に代入してみると

$$x = C_1 e^{(\alpha+i\beta)t}(a + ib) + C_2 e^{(\alpha-i\beta)t}(a - ib)$$
$$= (C_1 + C_2)e^{\alpha t}(a\cos\beta t - b\sin\beta t) + i(C_1 - C_2)e^{\alpha t}(a\sin\beta t + b\cos\beta t)$$

を得る。ここで，改めて $c_1 = C_1 + C_2$，$c_2 = i(C_1 - C_2)$ とおくと

$$x = c_1 e^{\alpha t}(a\cos\beta t - b\sin\beta t) + c_2 e^{\alpha t}(a\sin\beta t + b\cos\beta t)$$

を得る。これが，一般解の実数表現になる。

例 5.9 2階の斉次線形常微分方程式 $x'' + 2x' + 2x = 0$ は，$y = x'$ とおくことによって，斉次線形常微分方程式系

$$\begin{bmatrix} x' \\ y' \end{bmatrix} = \begin{bmatrix} 0 & 1 \\ -2 & -2 \end{bmatrix} \begin{bmatrix} x \\ y \end{bmatrix}$$

で表現できる。

ここで，行列 $A = \begin{bmatrix} 0 & 1 \\ -2 & -2 \end{bmatrix}$ の固有値の一つは $\lambda = -1 + i$ なので，これに対応する固有ベクトルは

$$u = \begin{bmatrix} 1 \\ -1+i \end{bmatrix} = \begin{bmatrix} 1 \\ -1 \end{bmatrix} + i\begin{bmatrix} 0 \\ 1 \end{bmatrix}$$

である。これより，一般解

$$x = c_1 e^{-t}\left(\begin{bmatrix} 1 \\ -1 \end{bmatrix}\cos t - \begin{bmatrix} 0 \\ 1 \end{bmatrix}\sin t\right) + c_2 e^{-t}\left(\begin{bmatrix} 1 \\ -1 \end{bmatrix}\sin t - \begin{bmatrix} 0 \\ 1 \end{bmatrix}\cos t\right)$$

を得る。これより，x の一般解が $x = c_1 e^{-t}\cos t + c_2 e^{-t}\sin t$ であることがわかる。これは2階の斉次方程式を直接解いた場合に一致する。

一つの式に複数の関数の微分が混在している場合は，次のように斉次線形常微分方程式系の一般的な形に変形できる。斉次線形常微分方程式系

$$b_{11}x' + b_{12}y' = a_{11}x + a_{12}y$$
$$b_{21}x' + b_{22}y' = a_{21}x + a_{22}y$$

を考える。$\boldsymbol{A} = [a_{ij}]$, $\boldsymbol{B} = [b_{ij}]$, $\boldsymbol{x} = [x, y]^T$ とおくと，この微分方程式系は $\boldsymbol{Bx'} = \boldsymbol{Ax}$ と表現できるので，$\boldsymbol{B}$ に逆行列が存在すれば

$$\boldsymbol{x'} = \boldsymbol{B}^{-1}\boldsymbol{A}\boldsymbol{x}$$

となり，斉次線形常微分方程式系の一般的な形式になる。したがって，$\boldsymbol{B}^{-1}\boldsymbol{A}$ の固有値問題を解くことで微分方程式の一般解が得られる。

例 5.10 連立常微分方程式 $x' + y = 0$, $x' - y' = -3x + y$ について考察しよう。

微分項を左辺にまとめると

$$x' = -y$$
$$x' - y' = -3x + y$$

となり，行列を使って

$$\underbrace{\begin{bmatrix} 1 & 0 \\ 1 & -1 \end{bmatrix}}_{\boldsymbol{B}} \frac{d}{dt}\begin{bmatrix} x \\ y \end{bmatrix} = \begin{bmatrix} 0 & -1 \\ -3 & 1 \end{bmatrix}\begin{bmatrix} x \\ y \end{bmatrix}$$

と表現できる。これは

$$\boldsymbol{Bx'} = \boldsymbol{Ax}$$

の形をしている。$\boldsymbol{B}$ の逆行列が存在するので

$$\boldsymbol{B}^{-1}\boldsymbol{A} = \begin{bmatrix} 0 & -1 \\ 3 & -2 \end{bmatrix}$$

の固有値問題を解くことで一般解が求められる。

未知関数の数が二つより多い場合も，同様に計算できる。定理 5.1 に結果だけをまとめておく。

定理 5.1 (斉次線形常微分方程式系とその一般解)　$N \times N$ の行列 $\boldsymbol{A}$ は，N 個の異なる固有値と固有ベクトルの組 $\{\lambda_i, \boldsymbol{u}_i\}_{i=1}^{N}$ をもつとする。このとき

$$\boldsymbol{x}' = \boldsymbol{A}\boldsymbol{x} \tag{5.18}$$

で表現できる斉次線形常微分方程式系の一般解は

$$\boldsymbol{x} = \sum_{i=1}^{N} C_i e^{\lambda_i t} \boldsymbol{u}_i \tag{5.19}$$

と与えられる。ここで，C_i は任意定数である。

証明　証明は省略する。　　□

章　末　問　題

【1】　$y^{(3)} + 5y'' + 8y' + 4y = 0$ の一般解を求めなさい。

【2】　次の微分方程式の一般解を求めなさい。
(1)　$y^{(3)} + y'' + y' + y = 2\cos t + 3$
(2)　$y^{(4)} + 4y'' + 4y = \cos t$

【3】　次の連立常微分方程式を解きなさい。
(1)　$2x' - 2x + y' - y = e^t,\quad x' + 3x + y = 0$
(2)　$x'' - 2x - 3y = e^{2t},\quad x + y'' + 2y = 0$

【4】　例 5.3 で，$k_1 = k_2 = k_3 = 1, m_1 = m_2 = 1$ のとき，x_1 と x_2 の一般解を求めなさい。

【5】　$x' = -3x + \sqrt{2}y, y' = \sqrt{2}x - 2y$ の一般解を行列を使って求めなさい。

【6】　例 5.4 で $L = 1, C = 0.5, R = 1$ のときの一般解を求めなさい。

【7】　例 5.10 の一般解を求めなさい。

6 ラプラス変換法*

初期条件がある微分方程式（初期値問題）は工学・物理学の諸現象を記述できることは何度も述べた。この初期値問題を解く最も効果的な方法が，ラプラス変換法である。まず，ラプラス変換と逆変換について述べる。次に，ラプラス変換を用いることで，微分方程式は代数方程式になることを学ぶ。ラプラス変換法は現代のテクノロジーを支える土台の一つであるといえよう。

6.1 ラプラス変換

初期値問題を解く場合，ラプラス変換法は非常に強力である。特に，工学的には $t \geq 0$ でのみ値をもつ関数を取り扱うことが多い。

---**ラプラス変換**---

$t < 0$ で 0 となるような関数 $x(t)$ に対して，次の式で定義されるものをラプラス変換 (Laplace transform) という。

$$X(s) = \mathcal{L}[x(t)] = \int_0^\infty x(t) e^{-st} dt \tag{6.1}$$

ここで，s は複素数であることに注意する。厳密には，この定義は片側ラプラス変換と呼ばれる。細かい議論はラプラス変換の成書を参考にされたい。

いくつか代表的な関数のラプラス変換を計算してみよう。まず，最も基本的である指数関数のラプラス変換を以下の例 6.1 に示す。

例 6.1 指数関数 $x(t) = e^{-\alpha t}$ のラプラス変換は，$t \geq 0$ に対して

$$\mathcal{L}[e^{-\alpha t}] = \int_0^\infty e^{-\alpha t} e^{-st} dt$$

$$= \int_0^\infty e^{-(s+\alpha)t} dt$$
$$= \left[-\frac{1}{s+\alpha} e^{-(s+\alpha)t} \right]_{t=0}^\infty$$
$$= \frac{1}{s+\alpha} \tag{6.2}$$

である。

じつは積分を実行するとき，$\lim_{t \to \infty} e^{-(s+\alpha)} = 0$ を暗黙に仮定している．これが成り立つのは，$s+\alpha$ の実部について $\mathrm{Re}[s+\alpha] > 0$ が成立するときのみである．つまり，s が $\mathrm{Re}[s] > -\alpha$ のときのみラプラス変換が成立するが，以下の議論では暗黙に収束する s の領域でラプラス変換が得られているものとする．

$t \geq 0$ で 1 をとる関数は，特に単位ステップ関数（図 6.1）と呼ばれている．

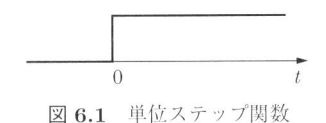

図 6.1 単位ステップ関数

単位ステップ関数

以下の関数で表されるものを
$$u(t) = \begin{cases} 0 & (t < 0) \\ 1 & (t \geq 0) \end{cases} \tag{6.3}$$
を単位ステップ関数（unit step function）と呼ぶ．

例 6.2 単位ステップ関数のラプラス変換は，式 (6.2) において $\alpha = 0$ とおけばよく
$$\mathcal{L}[u(t)] = \frac{1}{s} \tag{6.4}$$
である．

$e^{\alpha t}$ のラプラス変換を用いることで，三角関数のラプラス変換がただちに得られる．

例 6.3 三角関数のラプラス変換は $t \geq 0$ において
$$\mathcal{L}[\cos \omega t] = \mathcal{L}\left[\frac{e^{\omega t} + e^{-\omega t}}{2}\right] = \frac{1}{2}\left(\mathcal{L}[e^{\omega t}] + \mathcal{L}[e^{-\omega t}]\right)$$

$$= \frac{1}{2}\left(\frac{1}{s-\omega}+\frac{1}{s+\omega}\right) = \frac{s}{s^2+\omega^2} \tag{6.5}$$

である。また

$$\mathcal{L}[\sin\omega t] = \mathcal{L}\left[\frac{e^{\omega t}-e^{-\omega t}}{i2}\right] = \frac{1}{i2}\left(\mathcal{L}[e^{\omega t}]-\mathcal{L}[e^{-\omega t}]\right)$$

$$= \frac{1}{i2}\left(\frac{1}{s-\omega}-\frac{1}{s+\omega}\right) = \frac{\omega}{s^2+\omega^2} \tag{6.6}$$

である。

例 6.4 n を自然数とする。$t \geq 0$ に対して

$$\mathcal{L}[t^n] = \int_0^\infty t^n e^{-st}dt$$
$$= \int_0^\infty t^n \left(-\frac{1}{s}e^{-st}\right)' dt$$
$$= \left[-t^n\frac{1}{s}e^{-st}\right]_{t=0}^\infty + \int_0^\infty nt^{n-1}\frac{1}{s}e^{-st}dt$$
$$= \frac{n}{s}\mathcal{L}[t^{n-1}] \tag{6.7}$$

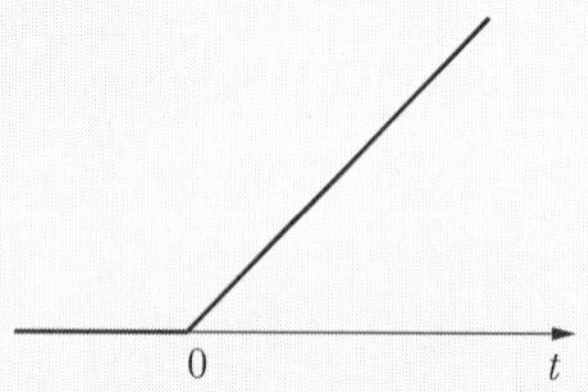

図 6.2 ランプ関数

が成り立つ。$n=1$ のときは，式 (6.4) より

$$\mathcal{L}[t] = \frac{1}{s}\mathcal{L}[1] = \frac{1}{s^2} \tag{6.8}$$

となり，$t \geq 0$ のとき値 t をとる関数は $tu(t)$ と表現できて，これを**ランプ関数** (ramp function) と呼ぶ（図 **6.2**）。

次に，$x(t)$ のラプラス変換を $X(s)$ とおいたとき，$x(t-\tau)$ のラプラス変換がどうなるか計算してみよう。

例 6.5 $t<0$ で $x(t)=0$ となる関数 $x(t)$ に対して

$$\mathcal{L}[x(t-\tau)] = \int_0^\infty x(t-\tau)e^{-st}dt$$
$$= \int_0^\infty x(t)e^{-s(t+\tau)}dt$$
$$= e^{-s\tau}\int_0^\infty x(t)e^{-st}dt$$
$$= e^{-s\tau}X(s) \tag{6.9}$$

が成り立つ。ここで，変数変換しても積分範囲は実質変わらないことに注意しよう。

数学的には，$x(t)$ を τ だけ平行移動したものが $x(t-\tau)$ であるが，工学的には，信号 $x(t)$ を時間 τ だけ遅延させた（遅れさせた）ものを表現している。この，**遅延**（delay）という概念は電気工学や制御工学，情報通信工学等でしばしば現れる概念であり，非常に重要である。ラプラス変換の核 $e^{-s\tau}$ は，遅延を表すということを知っておきたい。

次に，$x(t)$ に複素正弦波 $e^{-\alpha t}$ を掛けた場合はどうなるだろうか。

例 6.6 $e^{-\alpha t}x(t)$ のラプラス変換は以下のようになる。

$$\begin{aligned}\mathcal{L}[e^{-\alpha t}x(t)] &= \int_0^\infty e^{-\alpha t}x(t)e^{-st}dt \\ &= \int_0^\infty x(t)e^{-(s+\alpha)t}dt \\ &= X(s+\alpha)\end{aligned} \tag{6.10}$$

つまり，$X(s)$ を α だけ平行移動したものになる。電気工学では，この操作を**変調**（modulation）と呼んでいる。

これまでに求めたラプラス変換をまとめると**表 6.1** のようになる。ほとんどの関数のラプラス変換は，この表を組み合わせることで簡単に求めることができる。

表 6.1　ラプラス変換表

$x(t)$	$X(s)$	$x(t)$	$X(s)$
$e^{-\alpha t}$	$\dfrac{1}{s+\alpha}$	t	$\dfrac{1}{s^2}$
$\cos\omega t$	$\dfrac{s}{s^2+\omega^2}$	$x(t-\tau)$	$e^{-\tau s}X(s)$
$\sin\omega t$	$\dfrac{\omega}{s^2+\omega^2}$	$e^{-\alpha t}x(t)$	$\dfrac{1}{X(s+\alpha)}$

注）$t<0$ で $x(t)=0$

例 6.7 式 (6.10) と式 (6.5) を用いることで

$$\mathcal{L}[e^{-\alpha t}\cos\omega t] = \mathcal{L}[\cos\omega t](s+\alpha) = \frac{s+\alpha}{(s+\alpha)^2+\omega^2} \tag{6.11}$$

となる。

例 6.8 式 (6.10) と式 (6.8) を用いることで

$$\mathcal{L}[te^{-\alpha t}] = \frac{1}{(s+\alpha)^2} \tag{6.12}$$

となる。

6.2 逆ラプラス変換

ラプラス変換 $X(s)$ から $x(t)$ を求める逆変換は次のとおりである。

逆ラプラス変換

$s = \sigma + i\omega$ とおいたとき，$x(s)$ から $x(t)$ を

$$x(t) = \mathcal{L}^{-1}[X(s)] = \frac{1}{i2\pi} \lim_{\omega \to \infty} \int_{\sigma-i\omega}^{\sigma+i\omega} X(s)e^{st} ds \tag{6.13}$$

によって求めることができる。これを逆ラプラス変換（inverse Laplace transform）という。

これは複素積分なので，実際に積分するには関数論を学ぶ必要がある。しかしながら，実用的には表 6.1 に示したラプラス変換表を用いれば十分である。ただし，表の形に持ち込むための計算上の工夫が必要となる。

以下にいくつかの例を示す。

例 6.9 $X(s) = \dfrac{1}{s^2 + 2s + 3}$ の逆ラプラス変換を求めよう。ポイントは，分母を平方完成することである。すなわち

$$X(s) = \frac{1}{\sqrt{2}} \frac{\sqrt{2}}{(s+1)^2 + 2} \tag{6.14}$$

として，変調信号のラプラス変換を表す式 (6.8) を適用できる形にする。これより

$$x(t) = \mathcal{L}^{-1}[X(s)] = \frac{1}{\sqrt{2}} e^{-t} \sin\sqrt{2} t u(t) \tag{6.15}$$

を得る。$u(t)$ を掛けているのは，$t < 0$ で $x(t) = 0$ となることを示すためである。

例 6.10 $X(s) = \dfrac{s}{s^2 + 2s + 3}$ の逆ラプラス変換を求めよう。変調信号のラプラス変換を適用するには，少しテクニックが必要である。分母の平方完成に加えて，分子の形に考慮して

$$X(s) = \frac{s+1}{(s+1)^2 + 2} - \frac{1}{\sqrt{2}} \frac{\sqrt{2}}{(s+1)^2 + 2} \tag{6.16}$$

のように変形する。これにより

$$x(t) = \mathcal{L}^{-1}[X(s)] = e^{-t}\left(\cos\sqrt{2}t - \frac{1}{\sqrt{2}}\sin\sqrt{2}t\right)u(t) \tag{6.17}$$

を得る。

例題 6.1 $X(s) = \dfrac{s+1}{s^2+4s+6}$ の逆ラプラス変換を求めなさい。

【解答】 分母を平方完成しながら，ラプラス変換表を適用できるように変形すると

$$X(s) = \frac{\left(s + \boxed{①}\right) - \boxed{②}}{\left(s + \boxed{③}\right)^2 + \boxed{④}}$$

$$= \frac{s + \boxed{⑤}}{\left(s + \boxed{⑥}\right)^2 + \boxed{⑦}} - \frac{\boxed{⑧}}{\boxed{⑨}}\frac{\boxed{⑩}}{\left(s + \boxed{⑪}\right)^2 + \boxed{⑫}}$$

となる。したがって

$$x(t) = \left(\boxed{⑬}\right)u(t)$$

◇

6.3 ラプラス変換による初期値問題の解法

ラプラス変換を用いると，微分方程式が代数方程式（足し算と掛け算の方程式）になるという性質をもっている。以下では，このことについて学んでいこう。

まず，$y(t)$ を微分した $y'(t)$ のラプラス変換を考察する。定義どおりに計算すると

$$\begin{aligned}\mathcal{L}[y'(t)] &= \int_0^\infty y'(t)e^{-st}dt \\ &= [y(t)e^{-st}]_0^\infty - \int_0^\infty y(t)(e^{-st})'dt \\ &= 0 - y(0) + s\int_0^\infty y(t)e^{-st}dt \\ &= sY(s) - y(0)\end{aligned} \tag{6.18}$$

と，$Y(s)$ で表現できる。これを繰り返せば，2回微分 $y''(t)$ に対しても

$$\begin{aligned}\mathcal{L}[y''(t)] &= s\mathcal{L}[y'(t)] - y'(0) \\ &= s\{sY(s) - y(0)\} - y'(0) \\ &= s^2 Y(s) - sy(0) - y'(0)\end{aligned} \tag{6.19}$$

となり，やはり $Y(s)$ で表現できる。

これをふまえて，非斉次方程式

$$y''(t) + py'(t) + qy(t) = f(t) \tag{6.20}$$

の両辺をラプラス変換してみよう。その定義から，ラプラス変換は線形なので，左辺については

$$\begin{aligned}&\mathcal{L}[y''(t) + py'(t) + qy(t)](s) \\ &= \left(s^2 Y(s) - sy(0) - y'(0)\right) + p\left(sY(s) - y(0)\right) + qY(s) \\ &= (s^2 + ps + q)Y(s) - ((s+p)y(0) + y'(0))\end{aligned} \tag{6.21}$$

となる。右辺 $f(t)$ のラプラス変換を $F(s)$ とおくと，結局，式 (6.20) は

$$(s^2 + ps + q)Y(s) - ((s+p)y(0) + y'(0)) = F(s) \tag{6.22}$$

となり，$y(t)$ の微分方程式は，$Y(s)$ に関する代数方程式となった。そこで，$Y(s)$ について解けば

$$Y(s) = \frac{(s+p)y(0) + y'(0) + F(s)}{s^2 + ps + q} \tag{6.23}$$

を得る。したがって，ラプラス変換すると $Y(s)$ になるような関数 $y(t)$ が，微分方程式 (6.20) の解ということになる。これがラプラス変換法の考え方である。

> **例 6.11** 初期値問題
>
> $$y'' + 3y' + 2y = e^{-3t}, \qquad y(0) = 0, \qquad y'(0) = 0 \tag{6.24}$$
>
> をラプラス変換によって求めよう。
>
> まず左辺のラプラス変換は
>
> $$\mathcal{L}[y(t)] = s^2 Y(s) + 3sY(s) + 2Y(s) = (s^2 + 3s + 2)Y(s) \tag{6.25}$$
>
> である。次に右辺は例 6.1 で求めたとおり，$\mathcal{L}[e^{-3t}] = \dfrac{1}{s+3}$ である。したがって，$(s^2 + 3s + 2)Y(s) = \dfrac{1}{s+3}$ より

$$Y(s) = \frac{1}{(s+1)(s+2)(s+3)} = \frac{a}{s+1} + \frac{b}{s+2} + \frac{c}{s+3} \tag{6.26}$$

を得る。ここで，部分分数分解†の分子がまだ決まっていない。これらは

$$a = (s+1)Y(s)|_{s=-1} = \left.\frac{1}{(s+2)(s+3)}\right|_{s=-1} = \frac{1}{2} \tag{6.27}$$

$$b = (s+2)Y(s)|_{s=-2} = \left.\frac{1}{(s+1)(s+3)}\right|_{s=-2} = -1 \tag{6.28}$$

$$c = (s+3)Y(s)|_{s=-3} = \left.\frac{1}{(s+1)(s+2)}\right|_{s=-3} = \frac{1}{2} \tag{6.29}$$

のように決まる。つまり

$$Y(s) = \frac{\frac{1}{2}}{s+1} + \frac{-1}{s+2} + \frac{\frac{1}{2}}{s+3} \tag{6.30}$$

であるから，ラプラス変換表を用いると

$$y(t) = \left(\frac{1}{2}e^{-t} - e^{-2t} + \frac{1}{2}e^{-3t}\right)u(t) \tag{6.31}$$

を得る。

分母を因数分解したのは，のちに述べるように，$Y(s)$ に対応する $y(t)$ を求めやすくするためである。

例 6.12 初期値問題

$$y'' + 3y' + 2y = \sin t, \qquad y(0) = 0, \qquad y'(0) = 0 \tag{6.32}$$

を，$y(t)$ のラプラス変換 $Y(s)$ を用いて解こう。

右辺のラプラス変換は $\mathcal{L}[\sin t] = \dfrac{1}{s^2+1}$ なので

$$(s^2 + 3s + 2)Y(s) = \frac{1}{s^2+1} \tag{6.33}$$

より

$$\begin{aligned}Y(s) &= \frac{1}{(s+1)(s+2)(s^2+1)} \\ &= \frac{1}{2}\frac{1}{s+1} - \frac{1}{5}\frac{1}{s+2} - \frac{3}{10}\frac{s}{s^2+1} + \frac{1}{10}\frac{1}{s^2+1}\end{aligned}$$

と部分分数分解できる。したがって，ラプラス変換の表を使うことができて

---
† 付録の例 A.13 を参照にされたい。

$$y(t) = \left(\frac{1}{2}e^{-t} - \frac{1}{5}e^{-2t} - \frac{3}{10}\cos t + \frac{1}{10}\sin t\right)u(t) \tag{6.34}$$

を得る。

ラプラス変換を用いると，非斉次項が不連続関数の場合でも容易に解を求めることができる。不連続関数は，単位ステップ関数で表現できる。

例 6.13 3章に示した例 3.9 において，時刻 $t = 0$ で，コンデンサには電荷がなく ($v(0) = 0$)，回路には電流が流れていない ($i(0) = 0$) とする。回路方程式 (circuit equation)

$$LCv''(t) + RCv'(t) + v(t) = v_s(t)$$

において，このとき，$t=0$ で 1V の直流電源のスイッチをオンにする場合を考える。これはまさしく，入力電圧が単位ステップ関数 $u(t)$ で与えられることにほかならない。また，式 (3.35) より，$v'(0) = \dfrac{i(0)}{C}$ なので，$v'(0) = 0$ であることに注意する。つぎの三つの場合において，初期値問題の解を求めてみよう。

1. $R = 3$, $L = 2$, $C = 1$ のとき，解くべき初期値問題は

$$2v''(t) + 3v'(t) + v(t) = u(t), \qquad v(0) = v'(0) = 0$$

である。両辺をラプラス変換すると

$$2s^2 V(s) + 3sV(s) + V(s) = \frac{1}{s}$$

である。これよりただちに

$$V(s) = \frac{1}{s(2s+1)(s+1)} = \frac{1}{s} + \frac{-2}{s+\dfrac{1}{2}} + \frac{1}{s+1}$$

を得る。したがって，ラプラス変換の表を用いることで

$$v(t) = (1 - 2e^{-\frac{1}{2}t} + e^{-t})u(t)$$

が得られる。

2. $R = 2$, $L = C = 1$ のとき，解くべき初期値問題は

$$v''(t) + 2v'(t) + v(t) = u(t), \qquad v(0) = v'(0) = 0$$

である．両辺をラプラス変換すると

$$s^2 V(s) + 2sV(s) + V(s) = \frac{1}{s}$$

である．これよりただちに

$$V(s) = \frac{1}{(s+1)^2 s} = \frac{1}{s} - \frac{1}{(s+1)^2} - \frac{1}{s+1}$$

を得る．したがって，ラプラス変換の表を用いることで

$$v(t) = (1 - te^{-t} - e^{-t})u(t)$$

が得られる．

3. $R = 2$, $L = 4$, $C = 1$ のとき，解くべき初期値問題は

$$4v''(t) + 2v'(t) + v(t) = u(t), \qquad v(0) = v'(0) = 0$$

である．両辺をラプラス変換すると

$$4s^2 V(s) + 2sV(s) + V(s) = \frac{1}{s}$$

である．部分分数分解によって

$$V(s) = \frac{1}{s(4s^2 + 2s + 1)} = \frac{1}{s} + \frac{-4s - 2}{4s^2 + 2s + 1}$$

を得る．$\sin$ と $\cos$ に対するラプラス変換の表を用いるために，第1項を工夫して式変形をすると

$$V(s) = \frac{1}{s} + \frac{-4s - 2}{4s^2 + 2s + 1}$$

$$= \frac{1}{s} - \frac{s + \frac{1}{2}}{\left(s + \frac{1}{4}\right)^2 + \frac{3}{16}}$$

$$= \frac{1}{s} - \frac{s + \frac{1}{4}}{\left(s + \frac{1}{4}\right)^2 + \frac{3}{16}} - \frac{1}{\sqrt{3}} \frac{\frac{\sqrt{3}}{4}}{\left(s + \frac{1}{4}\right)^2 + \frac{3}{16}}$$

となる．この形に変形することでただちに逆ラプラス変換が

$$v(t) = \left\{1 - e^{-\frac{1}{4}t}\left(\cos\frac{\sqrt{3}}{4}t + \frac{1}{\sqrt{3}}\sin\frac{\sqrt{3}}{4}t\right)\right\}u(t)$$

と求められる。

以上の解を図示すると図 6.3 のようになる。凡例の上から順に，過減衰，臨界減衰，減衰振動を表している。

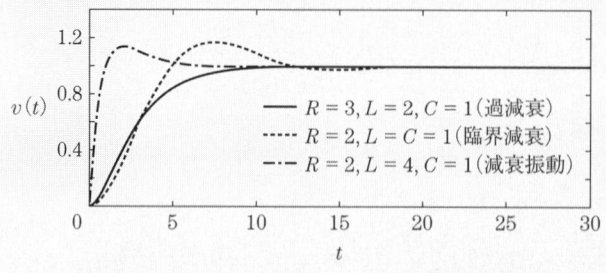

図 6.3 単位ステップ関数入力に対する各種の出力

例題 6.2 3章に示した例 3.9 のような回路で，LCR 直列回路に直流電源をつなげてから十分時間が経った状態を考える。このとき，コンデンサには十分電荷が蓄えられているため，流れている電流は 0 であり，コンデンサの電位差は直流電源と同じになる。

図 6.4 に示すように，時刻 $t = 0$ でスイッチを a から b にして，回路を短絡させる。そうすると，つながっている電源はないため，回路方程式は

$$LCv''(t) + RCv'(t) + v(t) = 0$$

となる。これは斉次方程式である。この場合の初期値問題を解きなさい。

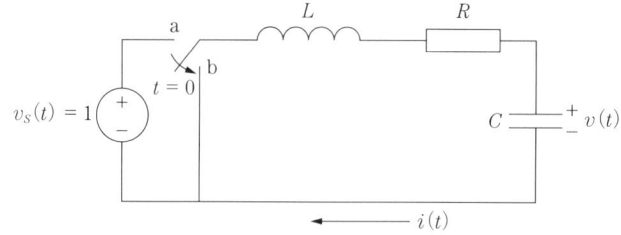

はじめスイッチを a に入れ，十分時間が経った
LCR 回路において，$t = 0$ でスイッチを b にする。
図 6.4 直流電源をつなげてから十分時間が経った LCR 直列回路

【**解答**】 このような場合，初期条件は $v(0) = 1$，また $i(0) = 0$ より $v'(0) = 0$ である。もし $R = 2$，$L = 4$，$C = 1$ であれば，回路方程式のラプラス変換は

$$\boxed{① } = 0$$

となるので

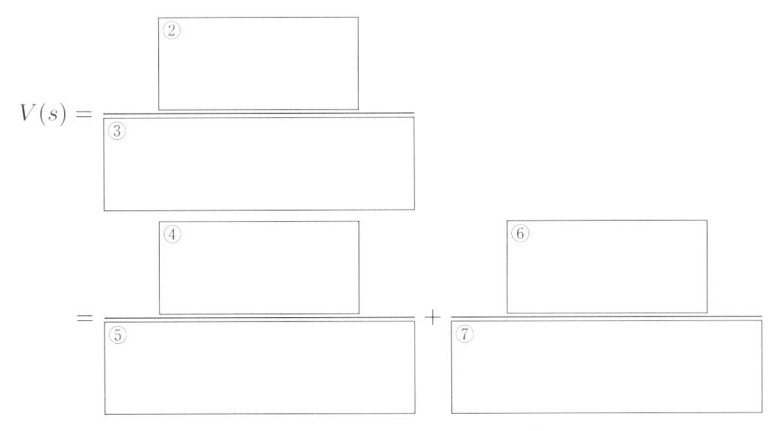

$$V(s) = \frac{\boxed{②}}{\boxed{③}}$$

$$= \frac{\boxed{④}}{\boxed{⑤}} + \frac{\boxed{⑥}}{\boxed{⑦}}$$

と部分分数分解した形で表現できる。これを逆ラプラス変換することで、電圧

$$v(t) = \left(\boxed{⑧} \right) u(t)$$

が得られる。 ◇

章　末　問　題

【1】次の図 6.5 に示す関数 $f(t)$ のラプラス変換を求めなさい。

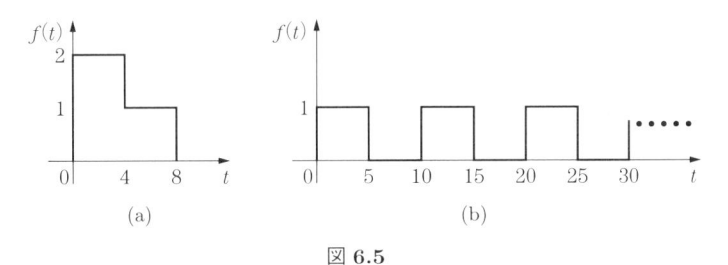

図 6.5

【2】次の逆ラプラス変換を求めなさい。

(1) $\dfrac{6(s+2)}{(s+1)(s+3)(s+4)}$

(2) $\dfrac{10}{(s+1)(s^2+4s+13)}$

(3) $\dfrac{s+3}{s^2+4s+5}$

【3】次の初期値問題を解きなさい。

(1) $y' + 4y = 3\sin 3t$, $\quad y(0) = 1$

(2) $y'' + 2y' + 2y = 0$, $\quad y(0) = 1$, $\quad y'(0) = 2$

(3) $y'' + 2y' + 2y = \cos t$, $\quad y(0) = 1$, $\quad y'(0) = 2$

付　　　録

本書穴埋めの解答と付録内練習問題，章末問題の詳細な解答はコロナ社の web ページに示されている。http://www.coronasha.co.jp/np/isbn/9784339061062/

なお，コロナ社の top ページから書名検索でもアクセスできる。ダウンロードに必要なパスワードは「061062」。

A.1　偏微分と全微分

完全微分方程式を理解するためには，偏微分の知識が必要になる。

偏微分

2 変数関数 $f(x,y)$ に対して

$$\frac{\partial f(x,y)}{\partial x} = \lim_{\Delta x \to 0} \frac{f(x+\Delta x, y) - f(x,y)}{\Delta x} \tag{A.1}$$

を x の偏微分と呼ぶ。

同様にして，y に対する偏微分 $\dfrac{\partial f(x,y)}{\partial y}$ も決まる。また，多変数関数に関しても同様に定義できる。

偏微分 $\dfrac{\partial f(x,y)}{\partial x}$ は，x 以外の変数を<u>定数とみなして通常の微分をしたもの</u>である。

例 A.1　$f(x,y) = x^2 y + 3y^2$ に対して

$$\frac{\partial f(x,y)}{\partial x} = 2xy, \qquad \frac{\partial f(x,y)}{\partial y} = x^2 + 6y$$

である。

x と y が独立ではない場合がある。例えば，$f(x,y) = x^2 + y^2$ において，$x = \cos t$，$y = \sin t$ のように媒介変数で表現されるときなどを考えることができる。このとき，$f(x,y) = f(x(t), y(t))$ であり，t の微小変化に対する f の変化を考えることができる。これは次のように与えられる。

連鎖公式（連鎖律）

x, y は t の関数，$x = x(t), y = y(t)$ とする。このとき，$f(x,y) = f(x(t), y(t))$ の t による微分は

$$\frac{df(x,y)}{dt} = \frac{\partial f}{\partial x}\frac{dx}{dt} + \frac{\partial f}{\partial y}\frac{dy}{dt} \tag{A.2}$$

で与えられる。

例 A.2 $f(x,y) = x^2 + y^2$ において，$x = \cos at$, $y = \sin at$ であれば

$$\frac{df}{dt} = 2x(-a\sin at) + 2y(a\cos at) = 0$$

である。

考えてみれば，$f(x,y) = 1$ が成り立つので，t が変化しようが f は変化しないので，これは当然の結果である。

例 A.3 2章に示した式 (2.28) は，式 (A.2) において，$t = x$ とした場合である。

x と y の微小変化 dx, dy に対する，f の変化量を表したものが全微分（total derivative）である。

---全微分---

関数 $f(x,y)$ の全微分 df とは，次のように定義される。

$$df = \frac{\partial f}{\partial x}dx + \frac{\partial f}{\partial y}dy \tag{A.3}$$

---

x と y は t の関数になっているとは限らないことに注意しよう。x と y が t の関数となっている場合に，連鎖公式 (A.2) が得られる。

完全微分方程式は全微分を使った形式で与えられる場合が多い。

例 A.4 $f(x,y) = x^2 + xy^3$ の全微分は $df = (2x + y^3)dx + 3xy^2 dy$ である。

全微分を使うと，式 (2.26) は

$$P(x,y)dx + Q(x,y)dy = 0 \tag{A.4}$$

の形に書くことができる。これは微分方程式 (2.26) を，<u>全微分の流儀で書き換えたもの</u> になっている。これが完全微分方程式であるとは，$P(x,y)dx + Q(x,y)dy$ が何らかの関数 $f(x,y)$ の全微分になっているということである。

例 A.4 で，$(2x + y^3)dx + 3xy^2 dy = 0$ とすると，これは，$x^2 + xy^3 = C$ (C は任意定数) の両辺を全微分したものになっている。したがって，微分方程式

$$(2x + y^3)dx + 3xy^2 dy = 0 \tag{A.5}$$

の解は，$x^2 + xy^3 = c$ である。

【練習 A.1】 $f(x,y) = x^2 + y^2$ の全微分を求めなさい。

略解　$df = 2xdx + 2ydy$

A.2　固有値・固有ベクトル

ここでは固有値と固有ベクトルについて簡潔に述べる。2×2 程度の行列演算については既知であるものとする。詳しくは線形代数の成書を参考にされたい。

固有値と固有ベクトル

n 次の正方行列 A に対して

$$Au = \lambda u \tag{A.6}$$

を満たす $\mathbf{0}$ でない n 次ベクトル u, スカラ λ をそれぞれ**固有ベクトル**, **固有値**と呼ぶ。

固有値と固有ベクトルは, どのように求めたらよいのだろうか。

≪固有値と固有ベクトルの求め方≫
式 (A.6) より

$$(A - \lambda I)u = 0$$

である。I は単位行列である。$u \neq 0$ であるから, $A - \lambda I$ は非正則（特異）行列（singular matrix）でなくてはならない。つまり, 行列式が 0 でなくてはならなく

$$|A - \lambda I| = 0$$

となる。これを**固有方程式**（eigenequation）といい, これを解くことで λ が求められる。さらに, 式 (A.6) に求めた λ を代入することで u が決まる。

例 A.5 $A = \begin{bmatrix} 3 & 5 \\ -4 & -6 \end{bmatrix}$ の固有値と固有ベクトルを求めてみよう。

固有方程式は $\begin{vmatrix} 3-\lambda & 5 \\ -4 & -6-\lambda \end{vmatrix} = 0$ なので, $(3-\lambda)(-6-\lambda) - 5 \cdot (-4) = 0$ より $\lambda^2 + 3\lambda + 2 = 0$ を得る。これより, 固有値は $\lambda = -2, -1$ となる。次に, それぞれの固有値に対応する固有ベクトルを求める。

$\lambda = -2$ のとき $\begin{bmatrix} 5 & 5 \\ -4 & -4 \end{bmatrix} \begin{bmatrix} u_1 \\ u_2 \end{bmatrix} = \begin{bmatrix} 0 \\ 0 \end{bmatrix}$ より, $u_1 + u_2 = 0$ を得るので, $u_2 = -u_1$ より $\begin{bmatrix} u_1 \\ u_2 \end{bmatrix} = u_1 \begin{bmatrix} 1 \\ -1 \end{bmatrix}$ となる。固有ベクトルはその「向き」が意味をもつので, $\lambda = -2$ に対応する固有ベクトルとしては $\begin{bmatrix} 1 \\ -1 \end{bmatrix}$ をとればよい。

$\lambda = -1$ のとき, 同様にして $4u_1 + 5u_2 = 0$ を得る。$\begin{bmatrix} u_1 \\ u_2 \end{bmatrix} = \frac{1}{5}u_1 \begin{bmatrix} 5 \\ -4 \end{bmatrix}$ なので, $\lambda = -1$ に対応する固有ベクトルとしては $\begin{bmatrix} 5 \\ -4 \end{bmatrix}$ をとればよい。

【練習 A.2】 $\begin{bmatrix} 1 & -2 \\ 3 & -4 \end{bmatrix}$ の固有値と固有ベクトルを求めなさい。

略解 固有値 $-1, -2$，それぞれ対応する固有ベクトル $\begin{bmatrix} 1 \\ 1 \end{bmatrix}, \begin{bmatrix} 2 \\ 3 \end{bmatrix}$

A.3 オイラーの公式

ここでは，工学的にきわめて重要なオイラーの公式と，微分方程式を解くために必要な計算技術について述べる。オイラーの公式によって，三角関数（正弦波）を指数関数（複素正弦波）で表現することができる。本文で触れたように，これによって微分方程式を簡単に解けるようになる。

オイラーの公式 (1)

$$e^{it} = \cos t + i \sin t \tag{A.7}$$
$$e^{-it} = \cos t - i \sin t \tag{A.8}$$

ここに挙げた二つの式の和と差をとることで，以下の別表現を得る。

オイラーの公式 (2)

$$\cos \theta = \frac{e^{i\theta} + e^{-i\theta}}{2} \tag{A.9}$$
$$\sin \theta = \frac{e^{i\theta} - e^{-i\theta}}{i2} \tag{A.10}$$

例 A.6 $f(t) = e^{-3t} \cos 2t$ にオイラーの公式を適用すると

$$f(t) = e^{-3t} \frac{1}{2}(e^{i2t} + e^{-i2t})$$
$$= \frac{1}{2}(e^{(-3+i2)t} + e^{(-3-i2)t})$$

である。

複素数 $z = a + ib$ の実部 a をとり出す演算子を $\text{Re}[z] = a$，虚部 b をとり出す演算子を $\text{Im}[z] = b$ で定義する。また，z の複素共役を $\bar{z}$ と書く。複素共役とは虚部の符号を反転したもの

$$\bar{z} = a - ib$$

のことである。このとき，$z + \bar{z} = (a+ib) + (a-ib) = 2a = 2\text{Re}[z]$，$z - \bar{z} = (a+ib) - (a-ib) = i2b = i2\text{Im}[z]$ である。このことから，オイラーの公式は，次の式 (A.11) のように書くこともできる。

オイラーの公式 (3)

$$\cos \theta = \text{Re}[e^{i\theta}], \qquad \sin \theta = \text{Im}[e^{i\theta}] \tag{A.11}$$

例 A.7 指数関数 $e^{(-3+i2)t}$ の実部をとると，$\mathrm{Re}[e^{(-3+i2)t}] = e^{-3t}\mathrm{Re}[e^{i2t}] = e^{-3t}\cos 2t$ となる。

例 A.8 $\mathrm{Re}\left[\dfrac{1}{i2+1}e^{i2t}\right]$ と $\mathrm{Im}\left[\dfrac{1}{i2+1}e^{i2t}\right]$ を求めよう。有理化とオイラーの公式 (3) をうまく適用する。

$$\begin{aligned}
\frac{1}{i2+1}e^{i2t} &= \frac{1-i2}{(1+i2)(1-i2)}e^{i2t} \\
&= \frac{1}{1^2+2^2}(1-i2)(\cos 2t + i\sin 2t) \\
&= \frac{1}{5}\{(\cos 2t + 2\sin 2t) + i(\sin 2t - 2\cos 2t)\}
\end{aligned}$$

より

$$\mathrm{Re}\left[\frac{1}{i2+1}e^{i2t}\right] = \frac{1}{5}(\cos 2t + 2\sin 2t)$$

を得る。また

$$\mathrm{Im}\left[\frac{1}{i2+1}e^{i2t}\right] = \frac{1}{5}(\sin 2t - 2\cos 2t)$$

である。

【練習 A.3】 $f(t) = e^{-t}\sin 4t$ は，複素数 z を用いて $f(t) = z + \bar{z}$ と表現できる。z を求めなさい。

略解 $z = \dfrac{e^{(-1+i4)t}}{i2}$

【練習 A.4】 次の計算をしなさい。

(1) $\mathrm{Re}\left[\dfrac{1}{2+i2}\dfrac{1}{1+i2}e^{i2t}\right]$

(2) $\mathrm{Im}\left[\dfrac{1}{(-1+i4)+2}e^{(-1+i4)t}\right]$

略解 (1) $-\dfrac{1}{20}(\cos 2t - 3\sin 2t)$

(2) $\dfrac{1}{17}e^{-t}(\sin 4t - 4\cos 4t)$

A.4 部分分数分解

有理式（多項式の比で表される式）の分母を因数分解して，それぞれの因子を分母にもつ分数の和で表現する方法を，**部分分数分解**と呼ぶ。例えば

$$\frac{1}{(s+1)(s+2)} = \frac{1}{s+1} - \frac{1}{s+2}$$

のような分解を用いることで変数分離形の解法や，演算子法，ラプラス変換法を効率よく適用できる。

いま，有理式（rational function）を $\dfrac{N(s)}{D(s)}$ と書くことにし，$N(s)$ の次数が $D(s)$ の次数より小さいとする†。これを

$$\dfrac{N(s)}{D(s)} = \dfrac{N_1(s)}{D_1(s)} + \dfrac{N_2(s)}{D_2(s)} + \cdots + \dfrac{N_M(s)}{D_M(s)}$$

のように部分分数（partial fraction）

$$\dfrac{N_m(s)}{D_m(s)}\ (m=1,\ldots,M)$$

に分解する。ここで，部分分数の分子の次数は，分母の次数より一つだけ低いとする。分母の M 次多項式について $D(s)=0$ の根 $s=p_m\ (m=1,\ldots,M)$ を**極**（pole）といい，その根が q 重根であれば極の**位数**（order of pole）が q であるとか，q 位の極という。すべての極が重複していなければ，極の位数は 1 である。例えば，$\dfrac{s+3}{(s+1)(s+2)^2}$ は，1 位の極 $s=-1$ と 2 位の極 $s=-2$ をもつ。

工学的な応用を考えるとき，極が実数と複素数の場合，また，1 位の極と 2 位の極をもつ場合を考えれば十分である。これらの場合について，以下の項では部分分数分解の方法を具体的に述べる。

A.4.1 極がすべて実数の場合

有理式が

$$\dfrac{N(s)}{D(s)} = \dfrac{N(s)}{(s-p_1)(s-p_2)\cdots(s-p_M)} \tag{A.12}$$

のように，1 位の極のみをもつ場合を考える。

この有理式は

$$\dfrac{N(s)}{(s-p_1)(s-p_2)\cdots(s-p_M)} = \dfrac{r_1}{s-p_1} + \dfrac{r_2}{s-p_2} + \cdots + \dfrac{r_M}{s-p_M} \tag{A.13}$$

のように部分分数に分解できる。問題は，分子の定数 $r_1,\ldots,r_M$ を求めることである。この定数は**留数**（residue）と呼ばれている。そこでまず，r_1 を求めてみよう。

そのために，式 (A.13) の両辺に $(s-p_1)$ を掛けると

$$\dfrac{N(s)}{(s-p_2)\cdots(s-p_M)} = r_1 + (s-p_1)\left(\dfrac{r_2}{s-p_2} + \cdots + \dfrac{r_M}{s-p_M}\right) \tag{A.14}$$

である。右辺の第 2 項に着目すると，極 $s=p_1$ を代入することで消去できることがわかる。そこで，両辺に $s=p_1$ を代入すれば

$$r_1 = \left.\dfrac{N(s)}{(s-p_2)\cdots(s-p_M)}\right|_{s=p_1} \tag{A.15}$$

のように，留数 r_1 が求められるのである。

このことから，次の結果が得られる。

---

† この仮定を満たさなくても，割り算を実行することで，必ずこの仮定を満たす有理式が得られる。

---**分母が1次の多項式で分解できる場合**---

式 (A.12) で表現される多項式の留数 r_m は

$$r_m = (s - p_m)\frac{N(s)}{D(s)}\bigg|_{s=p_m}$$

で得られる。

例 A.9 有理式 $\dfrac{3s+5}{(s+1)(s+3)}$ は

$$\frac{3s+5}{(s+1)(s+3)} = \frac{r_1}{s+1} + \frac{r_2}{s+3}$$

と部分分数分解ができて，それぞれの留数は

$$r_1 = (s+1)\frac{3s+5}{(s+1)(s+3)}\bigg|_{s=-1} = \frac{3s+5}{s+3}\bigg|_{s=-1} = 1$$

$$r_2 = (s+3)\frac{3s+5}{(s+1)(s+3)}\bigg|_{s=-3} = \frac{3s+5}{s+1}\bigg|_{s=-3} = 2$$

となる。

次に，極の位数が1より大きい場合を考察する。すなわち有理式が

$$\frac{N(s)}{D(s)} = \frac{N(s)}{(s-p_1)^{m_1}(s-p_2)^{m_2}\cdots(s-p_q)^{m_M}} \tag{A.16}$$

で表現される場合を考える。ここで一般性を失うことなく，第1項のみが2位の極をもっているとする。すなわち

$$\frac{N(s)}{D(s)} = \frac{N(s)}{(s-p_1)^2(s-p_2)\cdots(s-p_q)} \tag{A.17}$$

のように表現されるとする。このとき，2位以上の極に関しては

$$\frac{N(s)}{(s-p_1)^2(s-p_2)\cdots(s-p_M)} = \frac{r_{11}}{(s-p_1)^2} + \frac{r_{12}}{s-p_1} + \frac{r_2}{s-p_2} + \cdots + \frac{r_M}{s-p_M} \tag{A.18}$$

のように分解する。1位の極の場合と同様に，留数 r_{11} に関しては両辺に $(s-p_1)^2$ を掛けることで

$$\frac{N(s)}{(s-p_2)\cdots(s-p_M)} = r_{11} + (s-p_1)r_{12} + (s-p_1)^2\left(\frac{r_2}{s-p_2} + \cdots + \frac{r_M}{s-p_M}\right) \tag{A.19}$$

となるので，極 $s = p_1$ を代入すれば r_{11} を得る。次に，r_{12} はどのように求めればよいであろうか。

式 (A.19) を眺めると，r_{11} を消去して，r_{12} だけとり出すには，両辺を s で微分すればよいことがわかる。したがって

$$\frac{d}{ds}\frac{N(s)}{(s-p_2)\cdots(s-p_M)} = r_{12} + \frac{d}{ds}(s-p_1)^2\left(\frac{r_2}{s-p_2} + \cdots + \frac{r_M}{s-p_M}\right) \tag{A.20}$$

となる。式 (A.20) の右辺第2項は，$s = p_1$ の代入で消えることに注意されたい。まとめると以下のとおりである。

> **2 位の極を含む場合**
>
> 2 位の極を含む有理式は，式 (A.18) のように部分分数が分解できて，留数 r_{11}, r_{12} は
> $$r_{11} = (s-p_1)^2 \frac{D(s)}{N(s)}\Big|_{s=p_1}$$
> $$r_{12} = \frac{d}{ds}(s-p_1)^2 \frac{D(s)}{N(s)}\Big|_{s=p_1}$$
> で与えられる。

3 位の極が現れたときは，$\frac{r_1}{(s-p)^3} + \frac{r_2}{(s-p)^2} + \frac{r_3}{s-p}$ と分解して，1 階微分で r_2 が求められ，2 階微分で r_3 が求められる。このようにして，高位の極が現れても同様に留数を求めればよい。

例 A.10 有理式 $\frac{1}{(s+1)^2(s+3)}$ の部分分数分解は
$$\frac{1}{(s+1)^2(s+3)} = \frac{r_{11}}{(s+1)^2} + \frac{r_{12}}{s+1} + \frac{r_2}{s+3}$$
で与えられる。

また
$$r_{11} = (s+1)^2 \frac{1}{(s+1)^2(s+3)}\Big|_{s=-1} = \frac{1}{s+3}\Big|_{s=-1} = \frac{1}{2}$$
$$r_{12} = \frac{d}{ds}\frac{1}{s+3}\Big|_{s=-1} = \frac{-1}{(s+3)^2}\Big|_{s=-1} = -\frac{1}{4}$$
$$r_2 = (s+3)\frac{1}{(s+1)^2(s+3)}\Big|_{s=-3} = \frac{1}{(s+1)^2}\Big|_{s=-3} = \frac{1}{4}$$

となる。

例 A.11 例 A.10 において，じつは微分演算をしなくても r_{12} を求めることができる。まず r_{11} と r_2 を求めておく。このとき
$$\frac{1}{(s+1)^2(s+3)} = \frac{1}{2}\frac{1}{(s+1)^2} + \frac{r_{12}}{s+1} + \frac{1}{4}\frac{1}{s+3}$$
なので，両辺に $s=0$ を代入する[†]。このとき $\frac{1}{3} = \frac{1}{2} + r_{12} + \frac{1}{4} \cdot \frac{1}{3}$ となるので，$r_{12} = -\frac{1}{4}$ をただちに得る。

A.4.2 複素数の極をもつ場合

多項式 $\frac{N(s)}{D(s)}$ において，$D(s)$ を複素数の範囲で因数分解すれば，A.4.1 項の議論をそのまま適用できる。しかしながら，複素数の極には必ず対応する共役な極が存在するので場合によっては（そして多くの場合）複素数の極を扱うより，因数分解せずに 2 次の多項式のまま分解したほうがよい。

[†] s には任意の値を代入できる。ここでは最も簡単な数値を代入した。

特に，ラプラス変換法においては，分母が2次の多項式となる場合はきわめて基本的である。ここでは，具体的な例を挙げながら解説していこう。

例 A.12 有理式 $\dfrac{2s^2+7s+10}{(s+1)(s^2+4s+8)}$ は

$$\frac{2s^2+7s+10}{(s+1)(s^2+4s+8)} = \frac{r_1}{s+1} + \frac{as+b}{s^2+4s+8} \tag{A.21}$$

と部分分数分解できる。

さて，式 (A.21) において，極 $s=-1$ に対応する留数 r_1 はただちに

$$r_1 = (s+1)\frac{2s^2+7s+10}{(s+1)(s^2+4s+8)}\bigg|_{s=-1} = \frac{2s^2+7s+10}{s^2+4s+8}\bigg|_{s=-1} = 1$$

と求められる。次に，a と b を求めよう。式 (A.21) で $s=0$ を代入することで $\dfrac{10}{8} = 1 + \dfrac{b}{8}$ より $b=2$ を得る。また，$s=1$ を代入してみると，$\dfrac{19}{2\cdot 13} = \dfrac{1}{2} + \dfrac{a+2}{13}$ より $a=1$ を得る。

もちろん，$s^2+4s+8 = \{s-(-2+i2)\}\{s-(-2-i2)\}$ と分解し，A.4.1項で示したように留数を求める方法も適用可能である。しかしながら，手計算が煩雑になるだけでなく，工学的には望ましい方法とはいえない。

例 A.13 $Y(s) = \dfrac{1}{(s+1)(s+2)(s^2+1)}$ の部分分数分解を求めよう。

$$Y(s) = \frac{1}{(s+1)(s+2)(s^2+1)}$$
$$= \frac{A}{s+1} + \frac{B}{s+2} + \frac{C_1 s + C_2}{s^2+1}$$

のように分解する。まず

$$A = (s+1)Y(s)|_{s=-1} = \frac{1}{1\cdot 2} = \frac{1}{2}$$
$$B = (s+2)Y(s)|_{s=-2} = \frac{1}{(-1)\cdot 5} = -\frac{1}{5}$$

が決まる。次に

$$\frac{\frac{1}{2}}{s+1} - \frac{\frac{1}{5}}{s+2} + \frac{C_1 s + C_2}{s^2+1} = \frac{1}{(s+1)(s+2)(s^2+1)}$$

において，$s=0$ とすると

$$\frac{1}{2} - \frac{1}{10} + C_2 = \frac{1}{2}$$

より $C_2 = \dfrac{1}{10}$ を得る。

また，両辺に (s^2+1) を掛けておいてから[†] $s=1$ とおくことで

[†] 必ずしも (s^2+1) を掛ける必要はないが，計算を簡単にするための工夫である。

$$\frac{2}{4} - \frac{2}{15} + C_1 + \frac{1}{10} = \frac{1}{2 \cdot 3}$$

より $C_1 = -\dfrac{3}{10}$ を得る。

したがって

$$Y(s) = \frac{\frac{1}{2}}{s+1} + \frac{\frac{1}{5}}{s+2} + \frac{-\frac{3}{10}s + \frac{1}{10}}{s^2+1}$$

を得る。

【練習 A.5】 次の有理式の極を求めなさい。

(1) $\dfrac{1}{s^2+3s+2}$

(2) $\dfrac{s+2}{s^2+4s+8}$

略解 (1) $s = -1, \ -2$
(2) $s = -2 \pm i2$

【練習 A.6】 次の有理式を，実数の範囲で部分分数分解をしなさい。

(1) $\dfrac{s^3+8s+11}{(s+1)(s+2)(s+3)}$

(2) $\dfrac{s^2+6s+6}{(s+1)^2(s+2)}$

(3) $\dfrac{6s^2+14s+10}{(s+2)(s^2+2s+2)}$

略解 (1) $\dfrac{2}{s+1} + \dfrac{1}{s+2} - \dfrac{2}{s+3}$

(2) $\dfrac{1}{(s+1)^2} + \dfrac{3}{s+1} - \dfrac{2}{s+2}$

(3) $\dfrac{3}{s+2} + \dfrac{3s+2}{s^2+2s+2}$

引用・参考文献

★ 本書では，高等学校で学ぶ数学の知識を仮定している。しかしながら，以下に挙げた成書などを用いて，大学初年度で扱う微分積分学や線形代数学の知識を得ることで，より容易に読み進めることができる。特に後者は，工学的側面を強調した線形代数の入門書である。

1) 加藤末広, 勝野恵子, 谷口哲也：微分積分学, コロナ社 (2009)
2) 平岡和幸, 堀 玄：プログラミングのための線形代数, オーム社 (2004)

★ 常微分方程式についてより深く理解するためには，以下の成書が参考になる。

3) 山本 稔 編：解析学要論 (I) ― 微分方程式とラプラス変換 ―, 裳華房 (1989)
   解の一意性など，本書がスキップした内容なども詳しく載っているのがこの書である。
4) 矢野健太郎, 石原 繁：微分方程式（基礎解析学コース）, 裳華房 (1994)
   演算子法に関する内容が豊富である。本書の理解の助けになるはずである。
5) 芦野隆一, Veillancourt, R.：MATLAB による微分方程式とラプラス変換, 共立出版 (2000)
   MATLAB という数値演算言語を用いながら，微分方程式とラプラス変換を学ぶことができるユニークな書である。
6) Boyce, W.E. and DiPrima, R.C.：*Elementary Differential Equations and Boundary Value Problems*, Wiley (2008)
   例や例題が豊富で，大変詳しい。演習問題も充実している。
7) Alexander, C.K. and Sadiku, M.：*Fundamentals of Electric Circuits*, McGrawHill (2008)
   常微分方程式がいかに電気電子工学の基本になっているかは，回路理論を学ぶと理解できる。この本は，例と例題が豊富であるだけでなく，ラプラス変換とフーリエ変換の記述が豊富である。

★ ラプラス変換や部分分数分解についてより深く理解したい読者への参考文献を挙げる。

8) 木村英紀：フーリエ-ラプラス解析, 岩波書店 (2007)
9) 表 実：複素関数（理工系の数学入門コース 5）, 岩波書店 (1988)

★ 最後に，本書コーヒーブレイクに掲載したデータ元となった文献を挙げる。

10) 国立天文台 編：理科年表 平成 15 年（机上版）, 丸善 (2002)

章末問題解答

本書穴埋めの解答と付録内練習問題，章末問題の詳細な解答はコロナ社のwebページに示されている。http://www.coronasha.co.jp/np/isbn/9784339061062/

なお，コロナ社のtopページから書名検索でもアクセスできる。ダウンロードに必要なパスワードは「061062」。

1章

【1】 (1) $ty' + 10 = 2y$
 (2) $y' = -4ty$

【2】 (1) $y'' + 3y' + 2y = 0$
 (2) $y = t^2 y'' + ty'$

【3】 略

【4】 (1) $c_1 = 2, \quad c_2 = -1$
 (2) $c_1 = \dfrac{3}{2}, \quad c_2 = \dfrac{3+\sqrt{3}}{4}$

【5】 (1) $y = \dfrac{1}{3}t^3 + c$
 (2) $y = -\dfrac{1}{2}\cos 2t + c$
 (3) $y = -te^{-t} - e^{-t} + c$
 (4) $y = \dfrac{1}{5}e^{-t}(2\sin 2t - \cos 2t) + c$

2章

【1】 (1) $y = Ce^{-2t} + \dfrac{3}{2}$
 (2) $y = Ct^{-2}$
 (3) 一般解 $y = -\dfrac{1}{t+c}$, 特異解 $y = 0$
 (4) $y = 0, \dfrac{1}{4}t^2$
 (5) $y = \dfrac{1+Ce^t}{1-Ce^t}$

【2】 (1) $y = \dfrac{t^2 + C}{2t}$
 (2) $y = \dfrac{1}{2}\left(Ct^2 - \dfrac{1}{C}\right)$
 (3) $y + Ce^y = t - 1$ ($u = t - y - 1$ とおく)

【3】 (1) $y = e^{-t} + Ce^{-2t}$
 (2) $y = (t + C)e^{-2t}$

(3) $y = \dfrac{1}{5}(2\cos 2t - \sin 2t) + Ce^{-t}$

(4) $y = \dfrac{1}{2}e^{-t} + \dfrac{1}{2}(2t+1)e^{-3t}$

【4】 $\dfrac{L}{R}$

【5】 (1) $y = \dfrac{1}{Ce^{-2t} - e^{-3t}}$

(2) $y^2 = \left(Ce^{-2t} - t + \dfrac{1}{2}\right)^{-1}$

【6】 (1) 完全微分方程式ではない

(2) $x^3 y = C$

(3) $x^3 y - y^4 = C$

【7】 (1) $x^3 + xy^2 = C$

(2) 略

【8】 $y = \dfrac{Ct^3 + 1}{Ct^4 - 2t}$

3章

【1】 証明略

(1) $W(e^{\lambda_1 t}, e^{\lambda_2 t}) = (\lambda_2 - \lambda_1)e^{(\lambda_1 + \lambda_2)t} \neq 0$

(2) $W(e^{\mu t}, te^{\mu t}) = e^{2\mu t} \neq 0$

(3) $W(e^{\alpha t}\cos\beta t, e^{\alpha t}\sin\beta t) = \beta e^{2\alpha t} \neq 0$

【2】 (1) $y = c_1 e^{-2t} + c_2 e^{-t}$

(2) $y = c_1 e^{-2t} + c_2 t e^{-2t}$

(3) $y = c_1 e^{-t}\cos 2t + c_2 e^{-t}\sin 2t$

【3】 (1) $x'(0) = 0$

(2) (a) $x = (1+t)e^{-t}$

(b) $x = -\dfrac{1}{2}e^{-3t} + \dfrac{3}{2}e^{-t}$

(c) $x = e^{-t}\left(\cos\sqrt{2}t + \dfrac{1}{\sqrt{2}}\sin\sqrt{2}t\right)$

【4】 $y = c_1\dfrac{1}{t} + c_2\dfrac{1}{t^5}$

【5】 (1) $y = c_1 t + c_2 e^t$

(2) $y = c_1 t^3 e^{-\frac{1}{2}t^2} + c_2 e^{-\frac{1}{2}t^2}$

【6】 $y = a_0\left\{1 + \dfrac{1}{2}(t-1)^2 + \dfrac{1}{6}(t-1)^3 + \dfrac{1}{30}(t-1)^4 + \cdots\right\}$
$\quad + a_1\left\{(t-1) + \dfrac{1}{6}(t-1)^3 + \dfrac{1}{12}(t-1)^4 + \cdots\right\}$

【7】 $y = a_0 \displaystyle\sum_{k=0}^{\infty} \dfrac{(-1)^k}{(2k)}t^{2k} + a_1 \sum_{k=0}^{\infty} \dfrac{(-1)^k}{(2k+1)}t^{2k+1}$

すなわち
$$y = a_0 \cos t + a_1 \sin t$$

4 章

【1】 (1) $y = c_1 e^{-2t} + c_2 e^{-3t} - \dfrac{2}{3}t^2 + \dfrac{10}{9}t - \dfrac{19}{27}$

(2) $y = c_1 e^{-\frac{1}{2}t} \cos \dfrac{\sqrt{7}}{2}t + c_2 e^{-\frac{1}{2}t} \sin \dfrac{\sqrt{7}}{2}t + t^2 - 1$

(3) $y = c_1 e^{-t} + c_2 e^{-3t} + t^2 - \dfrac{8}{3}t + \dfrac{26}{9}$

【2】 (1) $y = c_1 e^{-2t} + c_2 e^{-3t} + \dfrac{3}{2}e^{-t}$

(2) $y = c_1 e^{-t} + c_2 e^{-3t} - e^{-2t}$

(3) $y = c_1 e^{-2t} + c_2 e^{-3t} + \dfrac{1}{5}(\sin t - \cos t)$

(4) $y = c_1 e^{-2t} + c_2 e^{-3t} + \dfrac{1}{52}(3\sin 2t - 15\cos 2t)$

(5) $y = c_1 e^{-t} \cos 2t + c_2 e^{-t} \sin 2t + \dfrac{1}{17}(\cos 2t + 4\sin 2t)$

(6) $y = c_1 e^{-2t} + c_2 e^{-3t} + \dfrac{3}{2}e^{-t} + \dfrac{1}{5}(\sin t - \cos t)$

【3】 (1) $y = c_1 + c_2 e^{-2t} + \dfrac{3}{2}t - \dfrac{3}{4} - \dfrac{1}{2}(\cos 2t + \sin 2t)$

(2) $y = c_1 e^{-t} + c_2 t e^{-t} + t^2 e^{-t}$

(3) $y = c_1 \cos \omega_0 t + c_2 \sin \omega_0 t + \dfrac{1}{\omega_0^2 - \omega^2} \cos \omega t$

(4) $y = c_1 \cos \omega_0 t + c_2 \sin \omega_0 t + \dfrac{t}{2\omega_0} \sin \omega_0 t$

【4】 (1) $y = c_1 e^{-t} + c_2 t e^{-t} + \dfrac{1}{12} t^4 e^{-t}$

(2) $y = c_1 \cos t + c_2 \sin t + \dfrac{1}{125} e^{-2t}(25t^2 + 40t + 22)$

(3) $y = c_1 \cos t + c_2 \sin t + \dfrac{1}{39} e^{-3t}(2\cos t + 3\sin t)$

(4) $y = c_1 e^{-t} + c_2 t e^{-t} - e^{-t}(2\cos t + t \sin t)$

5 章

【1】 $y = c_1 e^{-t} + c_2 e^{-2t} + c_3 t e^{-2t}$

【2】 (1) $y = c_1 e^{-t} + c_2 \cos t + c_3 \sin t - \dfrac{1}{2}t(\cos t - \sin t) + 3$

(2) $y = c_1 \cos \sqrt{2}t + c_2 t \cos \sqrt{2}t + c_3 \sin \sqrt{2}t + c_4 t \sin \sqrt{2}t + \cos t$

【3】 (1) $x = c_1 e^t + c_2 e^{-t} - \dfrac{1}{2} t e^t$

$y = -4c_1 e^t - 2c_2 e^{-t} + \dfrac{1}{2} e^t + 2t e^t$

(2) $x = c_1 e^t + c_2 e^{-t} + c_3 \cos t + c_4 \sin t + \dfrac{2}{5} e^{2t}$

$y = -\dfrac{1}{3}(c_1 e^t + c_2 e^{-t} + 3c_3 \cos t + c_4 \sin t) - \dfrac{1}{15} e^{2t}$

【4】 $x_1 = c_1 \cos t + c_2 \sin t + c_3 \cos \sqrt{3}t + c_4 \sin \sqrt{3}t$

$x_2 = c_1 \cos t + c_2 \sin t - c_3 \cos \sqrt{3}t - c_4 \sin \sqrt{3}t$

【5】 $\begin{bmatrix} x \\ y \end{bmatrix} = c_1 e^{-t} \begin{bmatrix} 1 \\ \sqrt{2} \end{bmatrix} + c_2 e^{-4t} \begin{bmatrix} -\sqrt{2} \\ 1 \end{bmatrix}$

【6】 $I = c_1 e^{-t} \cos t + c_2 e^{-t} \sin t$

$V = (c_2 - c_1) e^{-t} \cos t - (c_1 + c_2) e^{-t} \sin t$

【7】 $\begin{bmatrix} x \\ y \end{bmatrix} = c_1 e^{-t} \left(\begin{bmatrix} 1 \\ 1 \end{bmatrix} \cos \sqrt{2}t + \begin{bmatrix} 0 \\ \sqrt{2} \end{bmatrix} \sin \sqrt{2}t \right) + c_2 e^{-t} \left(\begin{bmatrix} 1 \\ 1 \end{bmatrix} \sin \sqrt{2}t - \begin{bmatrix} 0 \\ \sqrt{2} \end{bmatrix} \cos \sqrt{2}t \right)$

6 章

【1】 (a) $\dfrac{1}{s}(2 - e^{-4s} - e^{-8s})$

(b) $\dfrac{1}{s(1 + e^{-5s})}$

【2】 (1) $(e^{-t} + 3e^{-3t} - 4e^{-4t})u(t)$

(2) $(e^{-t} - e^{-2t} \cos 3t - \dfrac{1}{3} e^{-2t} \sin 3t)u(t)$

(3) $e^{-2t}(\cos t + \sin t)u(t)$

【3】 (1) $y = \dfrac{1}{25}(34 e^{-4t} - 9 \cos 3t + 12 \sin 3t)u(t)$

(2) $y = e^{-t}(\cos t + 3 \sin t)u(t)$

(3) $y = \dfrac{1}{5}(4e^{-t} \cos t + 12 e^{-t} \sin t + \cos t + 2 \sin t)u(t)$

索　　引

【あ行】

位　数	125
位　相	91
1次従属	44
1次独立	44
1階線形常微分方程式	25
一般解	11
運動方程式	4
演算子	73
演算子法	73
オイラーの公式	46, 123
オイラーの方程式	53

【か行】

階　数	10
解析関数	56
回路方程式	116
過減衰	51
重ねあわせの理	63
過渡応答	91
過渡解	90
完全微分方程式	36
基本解	42
逆演算子	74
逆フーリエ変換	92
逆ラプラス変換	112
共　振	91
共振角周波数	91
行列式	42
極	125
キルヒホッフの電圧則	30
キルヒホッフの電流則	29
原始関数	19
減衰振動	51
減衰振動モデル	50
減衰定数	50
コイル	8
合成関数	19
固有角周波数	50
固有値	101, 122
固有ベクトル	101, 122
固有方程式	122
根	45
コンデンサ	8

【さ行】

システム	88
時定数	29
シフト公式	81
収束半径	56
自由落下	20
出　力	88
常微分方程式	10
初期条件	5
初期値問題	11
初速度	5
振幅特性	91
斉次解	25
斉次線形常微分方程式系	101
斉次方程式	24, 41
積分因子	39
線　形	63
線形作用素	64
線形常微分方程式系	94
線形性	42, 63
全微分	121
存在定理	41

【た行】

対角化	102
単位ステップ関数	109
単振動	49
ダンパ	50
遅　延	111
直接積分型	12
直列回路	8
抵　抗	8
抵抗値	8
定常応答	91
定数変化法	26, 86
電気容量	8
転　置	102
同次形	23
特異解	11, 18
特異行列	122
特殊解	5
特性方程式	45, 74
トリチェリの定理	22

【な行】

入　力	88
任意定数	2

【は行】

波動方程式	10
非斉次方程式	24, 41
非線形微分方程式	11
微分方程式	1
標準形	48
フーリエ解析	92
部分分数	125
部分分数分解	16, 124
べき級数	56
ベクトル場	9
ベルヌーイ方程式	31
変数分離形	14
変　調	111
偏微分	36, 120
偏微分方程式	10

【ま・や行】

未定係数法	65
山辺の方法	76
有理式	125

【ら行】

ライプニッツ	31
ラプラス変換	108
ランプ関数	110
リアクタンス	8
リッカチ方程式	34
留　数	125
臨界減衰	51
零空間	64
連鎖律	36, 120
連立常微分方程式	97
ロジスティック方程式	33
ロンスキアン	42

―― 著者略歴 ――

1997年 東京工業大学工学部電気・電子工学科卒業
2000年 東京工業大学大学院理工学研究科修士課程修了
2002年 東京工業大学大学院理工学研究科博士後期課程修了
　　　　博士(工学)
2002年 理化学研究所脳科学総合研究センター研究員
2004年 東京農工大学講師
2006年 東京農工大学助教授
2007年 東京農工大学准教授
2018年 東京農工大学教授
　　　　現在に至る

書き込み式　工学系の微分方程式入門
Practical Elementary Differential Equations for Engineers
　　　　　　　　　　　　　　　　　　　　　　　© Toshihisa Tanaka 2014

2014 年 4 月 25 日　初版第 1 刷発行
2024 年 5 月 15 日　初版第 5 刷発行

検印省略	著　者	田　中　聡　久
	発行者	株式会社　コロナ社
		代表者　牛来真也
	印刷所	三美印刷株式会社
	製本所	有限会社　愛千製本所

112-0011　東京都文京区千石 4-46-10
発行所　株式会社　コロナ社
CORONA PUBLISHING CO., LTD.
Tokyo Japan
振替 00140-8-14844・電話(03)3941-3131(代)
ホームページ　https://www.coronasha.co.jp

ISBN 978-4-339-06106-2　C3041　Printed in Japan　　　　　　　(松岡)

JCOPY　<出版者著作権管理機構　委託出版物>
本書の無断複製は著作権法上での例外を除き禁じられています。複製される場合は,そのつど事前に,出版者著作権管理機構(電話 03-5244-5088, FAX 03-5244-5089, e-mail: info@jcopy.or.jp)の許諾を得てください。

本書のコピー,スキャン,デジタル化等の無断複製・転載は著作権法上での例外を除き禁じられています。購入者以外の第三者による本書の電子データ化及び電子書籍化は,いかなる場合も認めていません。
落丁・乱丁はお取替えいたします。